水産学シリーズ

125

日本水産学会監修

HACCPと水産食品

藤井建夫・山中英明　編

2000・10

恒星社厚生閣

まえがき

近年，食品業界では世界的に HACCP (Hazard Analysis Critical Control Point：食品の危害分析重要管理点方式）という新しい衛生管理システムの導入への気運が高まっている．このような変化の背景には世界の食糧貿易の増加とそれに伴う新興・再興感染症の世界的な拡大がある．わが国でも最近食品衛生法が改正されたが，その重要な改正点は HACCP の考え方を取り入れたことである．

欧米先進国では，近年健康志向から魚介類消費が増大してきたためその危害に対する警戒が強く，米国，EU では水産物が真っ先に HACCP 規制の対象となっており，わが国からの輸出水産物も同等の規制を受けることになる．

このような情勢のもと，HACCP について理解を深め，水産物 HACCP の微生物学的および化学的危害因子についての最新の知見をとりまとめ，また HACCP 導入に当たっての問題点などを整理しておくことは，今後のわが国における HACCP の展開にとって意義あることと考え，下記のシンポジウムを，平成 12 年 4 月 5 日に日本水産学会の主催により，東京水産大学において開催した．

HACCP と水産物

企画責任者：藤井建夫（東水大）・山中英明（東水大）・塩見一雄（東水大）・田中宗彦（東水大）・山澤正勝（中央水研）

開会の挨拶　　藤井建夫（東水大）

Ⅰ．はじめに　　座長　山澤正勝（中央水研）

1．HACCP の現状と課題　　藤田純一（水産庁）

Ⅱ．水産物の危害因子　　座長　藤井建夫（東水大）

2．腸炎ビブリオ　　甲斐明美（都衛研）

3．小型球形ウイルス　　関根大正（都衛研）

4．ボツリヌス菌　　木村　凡（東水大）

座長　田中宗彦（東水大）

5．ヒスタミン生成菌　　藤井建夫（東水大）

6．自然毒		塩見一雄（東水大）
Ⅲ．水産物のHACCPシステム	座長	塩見一雄（東水大）
7．ねり製品		山澤正勝（中央水研）
8．冷凍食品		新宮和裕（食品産業セ）
Ⅳ．総合討論	座長	藤井建夫（東水大）
		塩見一雄（東水大）
		田中宗彦（東水大）
		山澤正勝（中央水研）
閉会の挨拶		藤井建夫（東水大）

本書はこのシンポジウムの講演内容を中心に取りまとめたものであり，これらの成果が水産物の安全性確保のために貢献できれば幸いである．

本書の出版に当たり，種々ご配慮を賜った執筆者，日本水産学会関係者各位，ならびに恒星社厚生閣の担当者各位に厚くお礼申し上げる．

平成12年6月

藤井建夫
山中英明

HACCP と水産食品　目次

HACCP and Seafood Products

Edited by Tateo Fujii and Hideaki Yamanaka

Ⅰ-1. HACCPの現状と課題

藤 田 純 一*

§1. HACCPとは

1・1 HACCPの特徴

HACCPは食品生産における安全・衛生管理のシステムであり，その基本概念は，「HACCPの7原則12手順」（付録1参照）に取り纏められており，次のような特徴をもっている．

① 食品の危害排除のために工程管理の手法を採用したもの．

② 標準化と文書によるシステム運営．

1・2 NASAのニーズ

HACCPを解説した文献には，このシステムの開発の歴史として「1959年に米国宇宙計画向けの食品製造にピルスビリー社が参加し……（宇宙食の安全性に関する）ほぼ100%の保証を求められ……予防的なシステムしかないとの結論にたどり着いた．さらに，NASAとの契約で全ての事項について記録をつけるという考え方が加わり，HACCPシステムの基となる概念ができ上がった」[1)]とされている．

ここで述べられているのは，HACCPシステムを生んだニーズである．このニーズは宇宙食の開発という極めて特殊な環境の下で発生しているが，ニーズがあっても科学・技術が未熟であったために日の目を見なかった事例は多い．そこで，なぜHACCPは生まれ出ることができたのか？ その技術的・時代的背景を，次に考えてみたい．

1・3 SQC（統計的品質管理）の応用

HACCPのコンセプトは，「生産の最終段階で行われていたチェックを，前に移行させることによって，生産工程の各段階で品質を作り込む」という品質管理と同様の考え方と手法が採用されている．

ところで，この品質管理については，米国において，第二次世界大戦中に兵

* 水産庁漁政部水産加工課

器を大量かつ安定した品質で生産するために，統計的品質管理（SQC）として理論的・実践的な発展を遂げていた．そして，戦争直後の米国では，SQC は極めて重要な生産技術のノウハウであり，軍需から民需部門へとその応用が拡大していた時期である．

このように，① HACCP と SQC のコンセプトが相似であることに注目し，かつ，② HACCP の誕生の時が，SQC が民間産業へ広まった時期に重なることを考えれば，米国の総合食品メーカーであるピルスビリー社が HACCP システムを開発した背景には，SQC の考え方とシステムを食品生産へ応用したと判断されるのである．

1･4　宇宙計画を母に，SQC を父に誕生

以上によって，筆者は「HACCP は，NASA の宇宙計画についてのニーズを母に，工業における SQC の手法を父に誕生した」と考えている．このことは，HACCP が性格の異なる 2 つの顔をもっていることを示すものであり，各国の政府，検査機関，食品業界や関連メーカーなどの様々な動きや意見を理解する上で，有効な視点を提供するものである．

1･5　黒船再来

蛇足ではあるが，GHQ（連合軍総司令部）は日本に SQC を教えるか否か，国益上の是非について激論を戦わせたと伝えられている．その SQC が GHQ の支援の下で日本に紹介され，電気製品や自動車を始めとする多くの工業製品の品質を著しく高め，1960 年代～70 年代の高度成長を実現する原動力の一つとなり，さらに，日本型 QC として発展し，少なくとも 1980 年代までは日本の経済成長に大きな役割を果たしたといえる．つまり，QC の日本における成功なかりせば，1985 年のプラザ合意以降の円高や日米貿易摩擦もなかっただろうと思われる．ちょっと皮肉ではある．

一方，HACCP は，バブルが崩壊し日本がグローバルな経済戦争に敗れたといわれ始めた時期に，欧米から黒船の如くやってきた．そのコンセプトは，懐しき SQC と相似している．今回の顚末はどうなるのか？　どうするのか？　SQC が戦前・戦中派の課題であったことと比較すると，これは戦後世代の課題であろう．

§2. HACCPの2つの顔（二面性）

2・1 食品生産の管理システムとしての一面

HACCPの一つの面は，品質管理（SQC）のコンセプトを受け継いだために，これと同じ管理システムとしての一面をもっていることである．その性質を以下に示す．

第一は，HACCPはシステムであること．食品の安全や衛生は，設定された安全・衛生に関する基準をクリヤーすることによって確保されると考えるのが普通であろう．しかし，HACCPには基準がないのである．つまり，QCやISO9000は「品質の安定や向上を継続的に追求するために，システムを整備し，それをチェックする」ことを趣旨としており，品質目標は示されていない．それは各社が設定するべきこととされている．したがって，HACCPも同じように，そもそも基準は示されておらず，管理システムの整備とチェックがその内容となっているのである．

第二は，HACCPを実行すると（すなわち，付録の「12手順」にそって工程表を作り，危害分析をし，管理基準を作り，改善措置を設定するなどを現場で組織的に行うと），作業や手続きの標準化，生産される食品の規格化などを必然的に伴うことである．

三つ目は，HACCPが企業努力と相性のよいこと．すなわち，QCやISOは個々の企業の意志（経営戦略）に基づき，企業努力によって推進されることを前提としており，その経営動機は「競争力の強化」や「収益性の向上」への期待である．同様に，HACCPも（法的規制や義務ではなく）企業努力で動かすと，競争力や収益性の向上を期待できるシステムとなっている．いい換えれば，HACCPは食品会社の企業努力を引き出しやすい性格ももっているということができる．

ここで注意すべきは，それぞれの工場での製造工程における危害の内容や程度は，原料の状態，生産体制や労働環境，設備や機器類の状態，技術水準，従業員の知識や意識のレベル等々によって千差万別であり，かつ変化する．そのため，HACCPでは管理基準などについて現場で設定することを原則とし，QCと同じように，現場での不断の改善努力と変化への対応を前提とすることによって，このシステムによる食品の品質や安全管理の確実性が向上するとの発想が伺える.

2·2　食品の安全保証システムとしての一面

HACCP のもう一つの側面は，前述したように，NASA がピルスビリー社に求めたものであり，現在では，川下の物流業者や小売業者，あるいは消費者などのニーズに重なるものであり，また，米国や EU では法律で義務化した背景ともなっている．すなわち，このシステムを採用することによって，造られた食品が安全で衛生的である統計的確率が格段に向上するため，HACCP は食品の安全・衛生を保証するシステムとしての役割を担わされているのである．

ここで注意すべきは，保証システムは，保証する相手方である流通業者・小売業者あるいは消費者などに信頼されて，初めて実効性をもつことである．そして，この信頼性を担保するためには，第一に，NASA がピルスビリー社に要求したように，このシステムの中に文書による事実の記録を組み込み，いつでもチェックでき，問題が発生した場合に速やかに原因を特定でき，改善できる仕組みが必要となる．第二に，関係する食品や製造者に対して十分な社会的信頼が醸成されていない間は，公的性格の外部機関による査察・認定などの関与で，その信頼性を担保する方法も考えられる．すなわち，ISO のような外部認証の仕組みを想定していただきたい．

食品衛生法に基づく総合衛生管理製造過程の承認制度（任意の制度：2·3 に実績を記述）は政府（厚生省）自身がこの外部機関となったケースといえる．しかし，政府が（ISO のように）生産のやり方についてを云々するのは，HACCP システムがいかに優れたものだとしても政府の行為としてそぐわないし，法律による制度の目的でもあり得ないと思う．HACCP は食品の生産を安全・衛生的に管理する便利なシステムとしての道具にしかすぎず，一方，法律が求めるのは，この道具を使って食品衛生の水準を上げることである．したがって，HACCP システムの採用に加えて，今まで生産の現場で自主的に設定され発展してきた衛生・管理の内容の一部を設備や衛生管理の「基準」として定める必要があったのである．但し，会社側がこの承認を受けようとする経営動機は，自社が採用する安全保証システムの社会的認知を得ようとするものであり，“差別化”への期待が大きいと思われる．

2・3 HACCPの2つの顔の比較

これまで述べてきたHACCPの2側面を整理して比較すると表1・1のようになる.

表1・1 HACCPの2側面

	食品の安全保証システムの面	食品生産の管理システムの面
	HACCP導入の経営動機は，食品の安全を保証する面が強い	HACCPシステムの本質は，工程管理システムであり，その効果は品質と安全性に現れる
必要となる場所	● 食品が取引される際に必要とされる	● 食品を生産する時に必要とされる
基　準	● このシステムによる保証が社会的に信頼されるためには，管理や設備に関する（公的・準公的な）基準と外部認証のような仕組みを加えることが志向される	● システムを定めたものであり，そもそも基準を含まない ● 基準や目標は各社で設定するもの
発展性	● 基準のクリアーが目的化し，固定的となりやすい	● システムが管理の向上を目的としており，継続的で発展的である
制度化	● 法令などによる制度化には馴染みやすい	● 制度化には馴染みにくい
推進力	● 社会的責務や法的義務への対応が推進力	● 製品の競争力・販売力の強化，収益性の向上などに向けた企業の意志が推進力

§3. HACCPに関する法制度と現状

現在，米国とEUはHACCPシステムに沿った衛生管理の基準を定め，食品製造業者などに法律によって遵守を義務づけている．これらは，上記の「安全保証システム」としての性格を重視している.

一方，わが国では1995年に食品衛生法が改正され，HACCP手法に沿った総合衛生管理製造過程（マル総）の承認制度が，任意の制度として創設されている.（なお，これが任意であるが故に，日本におけるHACCP普及は「管理システム」の側面も重視されることとなり，現場ではQCなどと重なる部分も多くなる).

これら3つの制度について，わが国の水産加工場などへの導入の状況は，昨年末で，米国の基準が96工場と36保管施設，EUの基準が10工場と2保管施設，マル総が9社12工場15製品となっている.

HACCP に対する水産業界の関心は年々高まってはいるが，その導入については，水産加工業で見ても総数約 1 万 5 千社の内，米国や EU に製品を輸出している会社・工場が中心であり，未だ少数に留まっている．

§4. なぜ HACCP が必要とされるようになったか

4･1 空白の 30 年

HACCP は，収益性が問われない宇宙開発という特殊なニーズの下で，1959 年にピルスビリー社のグループによって考え出され，当時はその特殊なニーズ故に一般の食品産業に必要とされることはなかったであろう．しかし，1990 年代になると，米国や EU などでは，食品産業に対して義務化される事態となりつつある．さらに，FAO/WHO 合同食品規格委員会のガイドラインによって，グローバルスタンダードとして国際的に認知されつつある．この間に 30 年を越える歳月が流れている．つまり，誕生から産業による認知までの空白の長い期間が存在するのである．

この空白の 30 年は何だったのか？　空白から認知への大転換はなぜ起きたのか？　HACCP が「宇宙飛行士」用から「地上生活者」用に変化したのか？否，HACCP の本質は変わっていない．変化したのは地上の人間社会の方である．したがって，現在の社会における HACCP の必要性の有無を検討する際には，HACCP の空白ともいえる 30 年間に，食品に関して社会に何が起こったのかをチェックするべきであろう．

4･2 大量化・大規模化・広域化へ

その変化は，少なくとも 2 つあげることができる．

第一は，食品の生産・流通・販売の一連の行為が，この 30 年間に，大量化へ，大規模化へ，広域化へと大きく展開したことである．少し昔を，HACCP が産声を上げた 1950 年代の世界を振り返って，現在と比べてみたい．すなわち，イノベーション（技術革新）を背景として，① 農業・畜産業・漁業および食品産業の生産性と生産力は著しく向上し，② わが国はもちろんのこと，世界的規模でコールドチェーン網が整備され，③ 流通・運搬の大量・高速化・広域化が実現し，情報化が驚くべき発展を遂げて，流通は革命的な変化が起きた．さらに，④ 量販店やチェーン店などの進出で食品の集荷・販売の流れは一層大規模化・広域化した.

このことは，例えば，昔の魚屋さんがお客さんに売る魚についていつ何処で獲れたものかなどを熟知しており，店に並べた全ての魚に目が届いていた頃の（伝統的な）売買の仕組みでは通用するはずがないことを示しており，標準化や規格化を伴った新しい売買の仕組みが模索されざるを得ないことを示している.

4･3　食料生産から食品生産へ

第二は，食品生産の著しい増大があげられる．当時は，農夫や漁師が穀物や野菜・肉や卵，魚介類や海藻など食料（素材）を生産し，それがあまり手を加えられずに家庭に運ばれて，主婦の手で調理されることが多かった．しかし，社会生活の変化とともに食事も変化した．現在は，消費者などが購入する食材の多くは，農夫や漁師の手を放れたときのままの姿は少なく，様々な加工場などで加工・調理され，食品として家庭やレストランなどに大量に供給されるようになったのである．第一次産業による食料の生産から，加工・流通の二次・三次産業を含めた食品生産が行われ，この食品生産が消費のために不可欠な時代へと大きな変化を遂げた．消費は食品生産を求めたのである.

4･4　規格化・標準化・システム化，そしてHACCPへ

上記の2つの大きな変化の結果，食品の生産や販売に係わる会社にとっては，自社が扱う食品を合理的に管理し，その品質や安全を確保するためのシステムが必要となり，必然的に食品の規格化が進み，生産と流通は標準化とシステム化へ向かうこととなる．したがって，この30年の間に，一部の食品会社や量販店は安全・品質のための管理システムを独自に作り上げていた．つまり，食品生産の現場でも取引や販売の現場でも，HACCPに似たようなシステムが拡がりつつあったのである.

このような社会的背景の中で，EUや米国の関係者達は，食品の安全に関するHACCPの合理性と有効性に着目した．さらに，食料産業の競争力強化への（QCと同じ）貢献，食料戦略の観点つまり国境措置としての効果や逆に食品貿易の円滑化なども考えたのであろう．そして，1990年代に，彼らはHACCPシステムと関連する管理・衛生基準について義務化に踏み切ったのである.

部外者からは空白に見える30年も，社会史・産業史の視点からは食品の安全と品質管理のための合理的なシステムの実現に向けて大きく変化していた.

この流れの中で，欧米の政策的一撃によって HACCP は必然的に歴史の表舞台に押し上げられたのである．

§5. 時代が求めているもの（HACCP の今）

5･1　選択される時代

戦前・戦中はもちろんのこと，戦後も 1970 年代くらいまでは物が足りず，よい物を作れば売れた時代であったが，1980 年代後半から「飽食の時代」と呼ばれるようになり，今日に至っている．今では，動物性タンパク質を摂るために，肉を食べるか，卵や乳製品を食べるか，あるいは輸入した魚を食べるのか，国産の魚を食べるのかは，消費者は自分の判断で勝手に選べるのである．以前はこれほどの選択性はなかった．すなわち，水産食品を食べるかどうかは，既に「選択」や「好み」に属する問題となっており，水産食品の製造者や販売者にとっては消費者に選択される食品を提供することが極めて重要となっている．そして，消費者は食品を選ぶ際に，遺伝子組み替え食品やダイオキシンやオーガニック食品などへの消費行動を見るまでもなく，「食品の安全性と健康」が強く意識されてきており，21世紀には「選択」のよりはっきりした判断基準となることは明白であろう．

5･2　保証する時代

加えて，小売りや物流のサイドは上記〔4･2〕に述べた歴史的な変化を底流として，上のような消費者の動向への適応や製造物責任（PL 法）への対応として，漁業者・魚市場・水産加工業者に水産食品の安全性の「保証」をより強く求めることも明白であろう．つまり，わが国の水産関係者（漁業者・市場関係者・加工業者など）にとって大変重要なことは，食品として単に安全であることだけでは十分ではなく，消費者や川下の関係者に対し，その安全を“保証”するシステムが不可欠となる時代が訪づれていることである．

5･3　大競争の時代

わが国は世界最大の水産物マーケットを有しており，世界の水産物輸入の 30％近くを占めている．HACCP が欧米に輸出する水産食品だけの課題ではないことは明らかである．むしろ，国内のマーケットの変化にどのように対応し，消費者・小売業者などの信頼を維持・強化していくかが，外国のマーケットより遙かに大事な課題である．国産の水産物・水産食品が，食品の安全システムを巡って，他のタンパク質食品や輸入水産食品を敵とした大競争時代に突入しているのである．この認識の有無は，水産業（漁業・加工業・流通業）の今後に大きな影響を与えると思われる．

なお，漁業にとって資源の持続的利用の課題は最も重要な課題であり，これまでにも資源管理型漁業が取り組まれ，今，水産庁では「水産基本政策大綱」に基づき持続的利用のシステム作りなどに取り組んでいる．もう一方で，忘れてならないのは国産水産物・食品のマーケットの確保である．この関連で「大綱」では「I．基本的考え方」と「IV．2．水産物の安全性および品質の確保……」で重要視して触れているが，わが国の水産業のためには，入口（資源と漁獲）から出口（小売りと消費）まで，ボトルネックが発生しないようにすることが大事であると考えている．

§6．HACCPの展開の方向を探る

6・1 HACCPの3本の道

HACCPのようなシステムの導入が，現代社会と食品の産業にとって必然であることを縷々述べてきたが，では，HACCPはこの日本においてどのように展開するのかを考えてみたい．上記§2．に述べたようにHACCPが二面性を有することから，HACCPに3つの道があると筆者は考えている．それはQCの道，ISOの道，米国・EUの道である．

第一のQCの道とは，QCの歴史と同様，基本的にはそれぞれの会社の自主的な経営判断でHACCPシステムが導入され，外部機関の査察や認定などの仕組みがなく，内部の努力のみで展開・発展するケースである（もちろん，政府や自治体や関係機関・団体による各種の支援を受けることはできる）．日本における現状は，上記§3．で述べた以外は，概ねこのケースである．この場合は，HACCPの管理システムとしての一面については，その現実性や発展性も含めて問題がないと思う．しかし，保証システムとしての面については，会社内の企業努力を世間に認めてもらい，保証の実効性をもたせる努力が別途必要となる．これはとりわけ中小の会社や零細な経営体にとって，相当に困難な課題であろうと思われる．

第二のISOの道とは，外部機関による査察や認定の仕組みを採用するケースである．現在では，上記§3．で述べたように，米国とEUに輸出しようとする場合と総合衛生管理製造過程の承認制度（食品衛生法）がこれに当たる．もちろん，外部機関は政府である必要はない．その機関が認定の基準も含めて，マーケットに信頼されることが最大の条件である．

第三の米国・EUの道とは，法令によって食品製造の許可条件とする義務化の道である．このケースの場合は食品衛生法などの改正が必要となろう．

これら3つの道のうち，今後，どの道が選択され，どのように進むかは，現時点では明言するのは難しい．ただし，第一の道は，上で述べたように，食品の安全保証システムの面では弱点をもっている．また，第三の道は，少なくとも水産業にとっては時期尚早ではなかろうか．なぜなら，食品衛生法の第21条で都道府県知事の営業許可を受けなければならないのは33業種であるが，その内で水産分野に関係するのは魚介類販売業，魚介類せり売り営業，魚肉ねり製品製造業，食品の冷凍または冷蔵業，そうざい製造業，かん詰またはビン詰食品製造業の6業種である．つまり，HACCP以前の課題も存在するのである．さらに，HACCPは多くの水産関係者にとって黒船であったし，今でも十分に認識されているとはいい難い．とりわけ，生産工程がそれほど複雑ではない業種には，工程管理やCCP（重要管理点）などといってもなかなか馴染めない．一方，わが国は魚食の歴史とノウハウがある．したがって，上記§4．と§5．の新しい変化に適応するため，HACCPシステムを従来のシステムと知見に生かしていくことが現実的であろう．

これらを考慮すると，当分は第二の道を中心に模索されると思われる．あるいは，現在のように第一と第二の道が併存していくことも，十分に考えられるのである．

6・2　土台としての一般的衛生管理の重要性

さてここでもう一度SQCに目を向けたいと思う．SQCは，たくさんの生産工程が必要な複雑な製品にとって，品質の安定と向上のために頼もしい道具であった．では，生産工程が少ない，比較的単純な製品にとってはどのようであったろうか？　当然，工程管理の必要性の比重は下がり，完成品検査などの従来の一般的な管理の比重が相対的に重要となる．少々極端かも知れないが，トヨタなどの自動車工場とネジなどを造る町工場とを比較していただきたい．

では，SQC を父にもつ HACCP システムではどうであろうか？ 例えば，すり身製造業のように製造工程が比較的複雑な業種はそもそも QC に馴染みがあり，HACCP も理解されやすい．事実，この業界は HACCP システムに基づく管理基準などを自らの力でサッサと創り上げ実行している．しかし，多くの水産加工業や漁業・産地市場業などの水産業は，工程がそれほど多くもなければ複雑でもない．これらの場合は，HACCP 以前に，一般的衛生管理（付録 2 参照）で対応することが相対的に大切となる．

もっと正確にいえば，HACCP のシステムや考え方の大事さは業種によって違うものではない．全ての経営体が学び，それぞれの実態に応じて取り入れるべきである．しかし，HACCP 導入が経営に与え得る効果は，業種や生産工程の複雑さの度合いによって，明らかに相違するのである．一方，一般的衛生管理といわれているものは，食品生産における衛生管理の社会的な認識の水準（到達点やコンセンサスとも表現できる）であろう．したがって，新しい管理システムである HACCP は，一般的衛生管理を全業種の共通の土台として，その上に作り上げられるのである．

我々は HACCP の普及を考えるとき，一般的衛生管理の土台としての役割をいささかも軽視してはならない．なぜなら，会社が一時的・形式的には HACCPを 導入しても，土台がしっかりしていなければ，食品の安全・品質への効果は期待できず，結局，社会が受け入れなくなるからである．また，上に述べたように，多くの水産業はその生産工程の単純さから，食品生産の管理の面でも安全性を保証する面でも，一般的衛生管理が極めて重要な位置を占めているからである．

6·3 HACCP システムの習熟と管理水準の段階的向上

今まで見てきたとおり，HACCP は食品生産の管理方法としての合理性と必然性をもっており，さらに，米国と EU は既に HACCP システムに基づく制度の義務化に踏み切っている．したがって，我々としてもこのシステムの普及をできるだけ早くする必要があろう．そのためには，このシステムに関連する設備や管理の諸基準について，できるだけ現場の実態を踏まえた現実的な内容を採用することが大事なポイントとなる．また，システムの導入に際する経営動機に十分配慮することも大切な事柄である．なぜか？

ここで再び QC の歴史を振り返ってみよう．QC は現場主義であり，できるところから多くの改善が図られた．モデルはあったがどのように取り組むかは，個々の会社がもつ経営資源によって変化せざるを得ない．経営戦略（知恵）と経営努力の勝負である．各社が同じ基準をもつことが大事であったわけでも，普遍的な基準が必要であったわけでもなく，QC という道具の有効性に着目し，その利用に徐々に習熟する中で，自らの品質管理水準などを向上させることができたのである．すなわち，QC に関連する各種基準の高さが産業の発展に貢献したのではなく，QC の考え方とシステムを生産の現場に持ち込むことこそが発展のための神髄であったということができる．

同様のことは，HACCP の「管理システム」として面にも当てはまる．上記§3．のように，現状ではHACCPに関する法制度については，まだ少数の会社しか認定されていないが，だからといって，HACCP システムの普及について軽視したり焦ったりすることは，水産業の今後のために些（いささ）かもあってはならないのである．なぜなら，HACCP はその考え方とシステムを現場に持ち込んでこそ，その真価を発揮し，様々な“向上や改善”の可能性を生じるからである．したがって，上記§3．の 3 つの制度による設備や管理基準が，自分の会社の現状と比較して高いからといって，HACCP のシステム自体の採用に消極的になるのは望ましい経営判断とは思えない．

実際には，一般的衛生管理の徹底をスタートラインとして，現場が HACCP に習熟するにつれて，段階的に，設備や管理基準の改善が達成されていくケースが多数であろう．もちろん，工場の新築などで一気に高度化する場合もあろうが，このようなことが経営的に成功するためには，そもそもこの新しいシステムと基準に馴染む技術水準をもっており，加えて資本調達力のある会社に限定される．経営者の意見を聞くと，HACCP に対する不安や無視が見受けられる時がある．その背景として，HACCP を導入するためには多額の投資が必要との認識がある．この認識には，HACCP が食品生産を管理するための“システム”や便利な“道具”であるとの理解ではなく，かなり高いレベルの“設備基準”であるとの誤解がある．これに対し，HACCP のシステムは速やかに導入し，HACCP に関連する基準は一般的衛生管理の実施を土台に段階的に向上すべきとするのが，現場の実態を踏まえた方法であろう．経営者は，HACCPシステムの導入に，高すぎるハードルを自らに課してはならない．一般的衛生管理を徹底すれば，どんな会社もHACCPシステムの導入はできる条件にあると考えて差し支えない．繰り返しになるが，設備や管理水準の向上は，現場がHACCPシステムに習熟するにつれて，より合理的に達成されるはずである．

§7. 現在の取り組み

これまで，HACCPに関連し縷々述べてきたが，我々はこのような分析や観点を踏まえて，水産食品の安全性と品質向上を図るべく，大日本水産会の取り組みに協力している．最後に，その取り組みの概要を簡潔に述べることとしたい．

まず第一に，啓発事業である．水産関係の経営者に，水産物の安全と品質向上の取り組みが，産業としての重要な課題であるとの理解を醸成し，HACCPシステムの導入に向けた経営判断を促す．併せて，普及や導入に必要な人材の確保と育成を図る．

第二は，マニュアルなどの基準作りの事業である．水産業の「安全・品質」に関する対応力を底上げするためには，現場に則した現実的な方策が必要であり，そのために「一般的衛生管理」の徹底を水産業全体の共通の土台（スタートライン）とし，さらに，HACCPシステムに沿った管理・設備基準を段階的に向上することができるよう取り組む．

第三は，漁獲から食卓まで一貫した整合性のある展開を図っている．魚介類は腐敗しやすく品質の劣化も早い．加えて，刺身など生もの，生鮮品，日持ちしない加工品が消費の重要な位置を占めている．このような食品は，安全性や品質は漁業・市場業・加工業・流通業・小売業などの一貫性のある作業によって保証される．したがって，各分野の取り組みが効果的に実施されるように指導する．

第四は，推進本部体制の構築である．HACCPのシステムを，中小・零細の経営体も含めて，できるだけ広く普及・支援・指導するためには，（QCと同様に）水産業界に「推進本部」を確立し，組織的・持続的に取り組む必要がある．継続的に個別の経営や現場を指導・支援を実施する．

文　献

1）厚生省生活衛生局乳肉衛生課監修：HACCP：衛生管理の作成と実践，中央法規出版，1997，p.1-194.

付　録

1．HACCP の 7 原則と 12 原則

手順	原則	区分
手順 1：HACCP チームの編成		危害分析などのための準備・情報収集
手順 2：製品についての記載		
手順 3：意図する用途*1 確認		
手順 4：フローダイヤグラム*2 の作成		
手順 5：フローダイヤグラムの現場確認		
手順 6：危害分析*3 の実施	（原則 1）	《7原則》
手順 7：重要管理点*4 の決定	（原則 2）	
手順 8：各重要管理点の管理基準*5 設定	（原則 3）	
手順 9：各重要管理点の監視方法*6 の設定	（原則 4）	
手順 10：改善措置*7 の設定	（原則 5）	
手順 11：検証手続き*8 の設定	（原則 6）	
手順 12：記録保管および文書作成規定設定	（原則 7）	

*1．意図する用途：食品の喫食対象となる人および食品の用途

*2．フローダイヤグラム：製品の製造工程または操作を系列的に表示したもの（製造工程フローチャート）

*3．危害分析（HA）：対象となる食品の製造・生産過程について，工程ごとに食品の安全性に害を与える生物的，化学的および物理的物質は何があるのか，それに対してどの工程でどのような対処をするのかを科学的に分析すること

*4．重要管理点（CCP）：危害分析の結果，危害の発生防止などを行ううえで極めて重要な管理を行うべき箇所のこと

*5．管理基準：重要管理点において管理が適正に行われているときに守られるべき基準のこと

*6．監視方法：重要管理点において管理基準内にあることを監視する方法のこと

＊7. 改善措置：管理基準をはずれたときにどのような対策をとればよいかを分析し，その結果に基づいて決定した対処方法のこと

＊8. 検証手続き：作成した HACCP 計画が対象とする食品を製造・生産する過程において，正しい衛生管理の機能を果たしているかどうか確認するために定められた手続きのこと

2. 一般的衛生管理

1）一般的衛生管理プログラムとは

HACCP システムは，それ単独では機能しない．HACCP は包括的な衛生管理システムの一部で，HACCP システムを効果的に機能させるためには，その前提となる，一般的衛生管理プログラムが必要となる．

一般的衛生管理プログラムとは，HACCP システムによる衛生管理の基礎として整備しておくべき衛生管理プログラムのことで，施設設備の衛生管理，機械器具の保守点検，従業員の衛生教育，製品の回収などの衛生管理に関わる事項が対象になる．

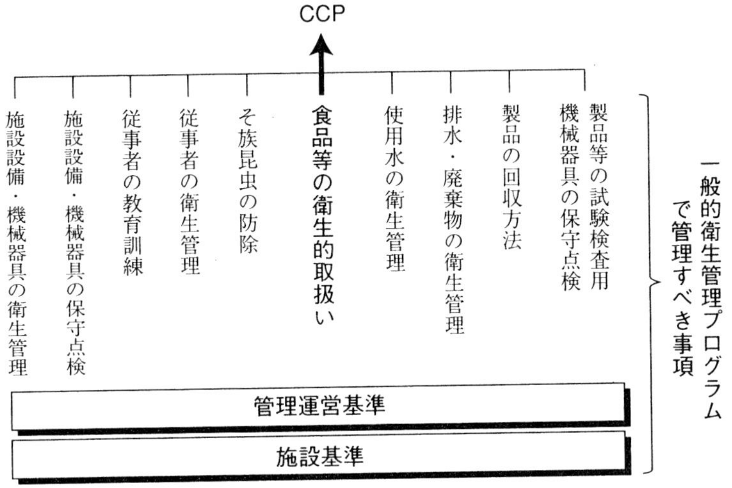

2）なぜ一般的衛生管理プログラムが必要なのか

アメリカ，EU などでは，食品の衛生管理の手法として，従来から GMP（適正製造基準）が実施されてきた．GMP は製造環境を清潔，きれいにすれば安全な製品が製造できるであろうとの考えに基づいて作られた，製造環境の整

備，衛生確保に重点がおかれた製造基準である．

このため，GMP には，規制の要件のみが示され，それを達成するための具体的手法については規定されておらず，また，要求事項が多いため，重要な管理点を絞りきれなかったことから，安全確保のための注意が散漫になる傾向が否めない．このような反省に基づき，危害の発生防止上極めて重要な工程（CCP）に管理の注意を集中させたのが HACCP システムである．

しかし，CCP に注意を集中するあまり，衛生管理の土台となる製造環境，原材料・包装資材の保管管理，従事者の衛生管理といった部分がおろそかになった場合は，食品の安全確保は困難となってしまう．したがって，こうした製造環境などの危害原因物質による汚染を効果的に予防する方法を一般的衛生管理プログラムとして別途確保しておくことにより，HACCP プランははじめて機能するようになるのである．

次の事項について作業担当者，作業の内容，頻度，点検および記録の方法を記載した SSOP（標準作業手順）を作成し，従事者に遵守させるとともに，記録などにより実施状況を確認するようにする．

- 施設・設備の保守点検，衛生管理
- 食品などの衛生的な取扱い
- 使用水の衛生管理
- 機械器具の洗浄殺菌
- 従事者の手指，作業服，機械器具などから食品への汚染防止
- 従事者の手指の洗浄殺菌
- 有害・有毒物質，金属異物などの食品への混入防止
- 飛沫，ドリップなどによる食品への汚染肪止
- 従事者の健康管理
- 便所の清潔維持
- そ族・昆虫などの防除
- 従事者の衛生教育
- 製品の回収方法
- 製品などの試験検査の方法およびその施設などの保守管理
- 排水・廃棄物の衛生管理

（東京都政策報道室都民の声部情報公開課発行「HACCP　ステップ2」より）

II．水産食品の危害因子

2．腸炎ビブリオ

甲斐明美*・尾畑浩魅*・工藤泰雄**

腸炎ビブリオ（*Vibrio parahaemolyticus*）は，1950 年 10 月大阪で発生した患者 272 名中死者 20 名を数えたいわゆる「シラス干食中毒」事件の原因調査にあたった藤野らによって発見されたのが最初である[1]．そして，5 年後の 1955 年，滝川らにより国立横浜病院の院内給食で発生した食中毒の原因菌として再発見され，彼らによってヒトへの病原性も確かめられた[2]．これを契機として本菌食中毒に対する関心も高まり，全国各地から食中毒事例が報告されるとともに，7～9 月の夏季に発生する食中毒の主要な位置を占めることが明らかにされた[3]．

本菌食中毒は，わが国ではサルモネラと並んで最も発生件数が多いが，特に最近急増し，食品衛生上大きな問題となっている．本稿では，腸炎ビブリオの特徴と本菌食中毒の発生状況などの疫学的事項を中心に紹介したい．

§1．腸炎ビブリオとは

1·1　性　状

腸炎ビブリオは，大きさが 0.5×1～2 μm 程度のグラム陰性桿菌で，液体培地では極単毛性鞭毛を生じ活発な運動性を示す．また，固形培地で培養すると極単毛以外に菌体周囲に側毛性鞭毛が生じ，拡散（遊走）現象を示す．但し，この拡散現象は培地に胆汁酸や界面活性剤を添加すると阻止される．

本菌は，海の環境に生息する低度好塩細菌の一種で，その発育に食塩を必要とする．発育可能な食塩濃度は 0.5～8％であるが，3％前後の食塩の存在下で最も旺盛に発育する．発育至適温度は 30～37℃，発育至適 pH は 8.0 前後，

* 東京都立衛生研究所微生物部
** 杏林大学医学部・保健学部

至適条件下での世代時間は 8～10 分と腸内細菌科細菌などに比べ短いのが特徴である．

本菌の主要生化学的性状は，表 2･1 に示す通りである．他の類縁菌との鑑別には白糖の発酵性，食塩加ペプトン水での発育性，VP 反応，アミノ酸脱炭酸試験などが利用される．なお，ウレアーゼ産生性，インドール産生性などでは，ある特定の血清型や毒素産生性に関連して一部非典型株が認められる[4]．

表 2･1　腸炎ビブリオの主要生化学的性状

性状（基質）	反応	陽性%	性状（基質）	反応	陽性%
オキシダーゼ	+	100%	ペプトン水での発育：0% NaCl	−	0%
カタラーゼ	+	100%	：8% NaCl	+	98%
運動性	+	100%	：10% NaCl	−	0%
硝酸塩還元	+	100%	β-ガラクトシダーゼ（ONPG）	−	8%
インドール	+	99%	ブドウ糖からのガス産生	−	0%
Voges-Proskauer 反応	−	0%	炭水化物：ブドウ糖	+	100%
硫化水素（TSI 寒天）	−	0%	アラビノース	d	84%
リジン・デカルボキシラーゼ	+	99%	セロビオース	−	5%
オルニチン・デカルボキシラーゼ	+	95%	乳糖	−	0%
アルギニン・ジヒドロラーゼ	−	0%	白糖	−	0%
ウレアーゼ	−	8%	マンニット	+	100%
シモンズのクエン酸塩	d	70%	イノシット	−	0%
ゼラチンの液化	+	100%	サリシン	−	5%

+：90%以上陽性，d：11～89%陽性，−：90%以上が陰性

1･2　血清型

腸炎ビブリオの血清型別には，O（菌体 LPS）抗原および K（莢膜多糖体）抗原が利用される[5]．1995 年現在，腸炎ビブリオ血清型別委員会で承認された O 抗原（群）は，O1～O13 の 13 種（但し，O12 および O13 を独立した O 群とするか否かについては血清型別委員会で検討中），また K 抗原は，K1～K75 の 69 種（K2, 14, 16, 27, 35, 62 は欠番）である．血清型は，この O および K 抗原の組み合わせで表記されるが，一部の例外を除いて O 抗原と K 抗原は，特定の組み合わせに限定されている．なお，H（鞭毛）抗原は，全ての腸炎ビブリオに共通のため型別には利用できない．

1･3　病原性

腸炎ビブリオは，当初全ての株に起病性があると考えられていたが，神奈川

県衛生研究所のグループによりある特殊な条件下における溶血現象（ヒト血球は溶血するが，馬血球は非溶血）で 2 群に大別され，患者分離株の大半はこの溶血現象が陽性なのに対し，海水や海産物など環境から分離される株ではその大多数が陰性であることが突き止められ，本現象が病原性と密接に関連していることが明らかにされた[6]．この現象にあずかる溶血毒素は，発見した神奈川県衛生研究所に因み神奈川溶血毒，あるいは耐熱性溶血毒（Thermostable direct hemolysin：TDH）と呼ばれる[7]．本毒素は，分子量約 4 万 5,000 の単純タンパクで，ウサギ結紮腸管で液体貯留活性などを示す点から下痢発現に関与する病原毒素として最重視されているが，下痢発現機構の詳細についてはまだ不明である．

一方，神奈川現象陰性（TDH 非産生）菌による食中毒も稀ではあるが存在することが確認され，その病原因子として新たな溶血毒素が見いだされた．この溶血毒素は，TDH と免疫学的に一部共通性を有し，アミノ酸配列も 60％の相同性があることから，耐熱性溶血毒類似毒素（TDH-related hemolysin：TRH）と呼ばれる[7]．TRH 産生株はウレアーゼ産生性と密接に相関し，大半の腸炎ビブリオがウレアーゼ非産生なのに対し，TRH 産生株は全てウレアーゼを産生するのが特徴である[4]．

1･4 臨床症状

腸炎ビブリオ食中毒は，サルモネラ，カンピロバクターなどと同様，菌の経口摂取によっておこる感染型食中毒の代表的なもので，感染菌量は 10^5 個あるいはそれ以上と推定されている．菌摂取から発症までの潜伏時間は 8～24 時間（平均 12 時間前後）で，主な臨床症状は，悪心，嘔吐，腹痛，下痢である．下痢の多くは水様性であるが，時に粘血便が混じることもあり，腹痛は上腹部に激烈な痛みを伴うこともある[8]．

§2. 食中毒発生動向

2･1 腸炎ビブリオ食中毒の急増

腸炎ビブリオ食中毒の事件数は，1992 年頃までは減少傾向にあったが，それ以降増加傾向に転じ，特に 1996 年以降は急増し，1997 年および 1998 年には，サルモネラ食中毒を抜いて，細菌性食中毒の原因菌として第 1 位となった[9, 10]

（図 2･1）．1998 年に全国で報告された食中毒事件 3,010 件中，腸炎ビブリオによるものは 839 件（28.9％），1999 年には 2,631 件中 641 件（25.3％）であった．そして，検出数からみても海外に旅行して感染する輸入事例は少なく，大部分が国内での食中毒事例である（図 2･2）．

腸炎ビブリオは海水の汽水域に生息し，水温の上昇する夏季に活発に増殖するため，魚介類が汚染を受ける．そして汚染を受けた魚介類や二次汚染を受けた食品が室温などに放置された時，腸炎ビブリオが増殖する．腸炎ビブリオ食中毒は，それらの食品を喫食した場合に発生するため，夏季すなわち 6 月～10 月に集中するのが特徴である（図 2･3）．

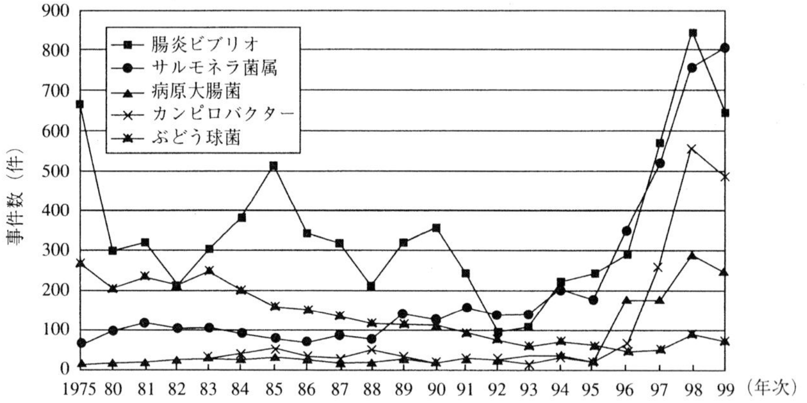

図 2･1　主要細菌性食中毒の発生推移（全国：1983～1999 年）

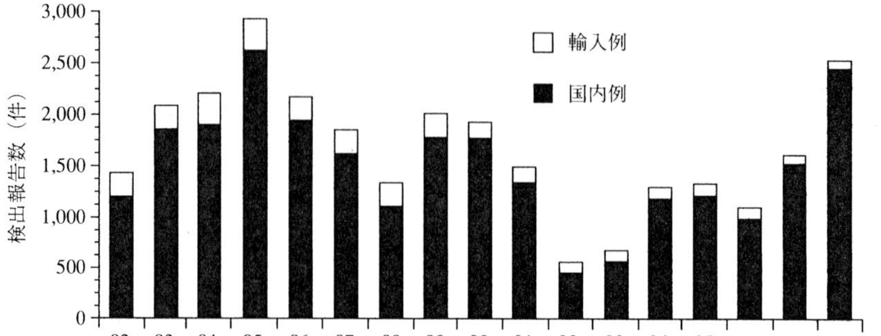

図 2･2　腸炎ビブリオ年別検出状況，1982～1998年（病原微生物検出情報，1999）

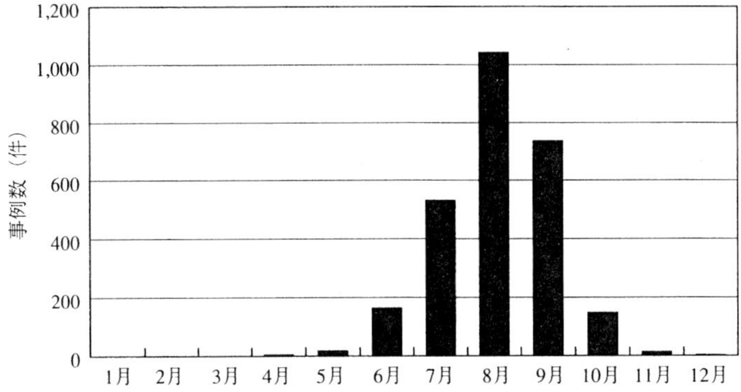

事例数	2	0	2	6	20	165	533	1,044	738	149	15	4
%	0.1	0	0.1	0.2	0.7	6.2	19.9	39.0	27.6	5.6	0.6	0.1

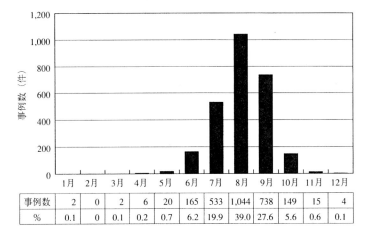

図2･3　腸炎ビブリオ食中毒の月別発生状況（1988～1997年，全国）

一方，本菌食中毒は，事件規模では比較的中小規模の事例が多発する傾向であったが，最近は大規模事例が増加している[9, 10)]（表 2･2，表 2･3）．患者数 1,000 名を越えた事例には，1977 年のホタテによる事例（北海道，患者数

表2･2　腸炎ビブリオ食中毒の大規模集団発生例（全国：1976～1998年）

事件No.	発生年	発生場所	患者数	原因食品	原因施設
1	1976	長崎県	720	弁　当	飲食店（弁当屋）
2	1977	北海道	1,604	ホタテ	オホーツク海（家庭）
3	1978	千葉県	545	弁　当	飲食店（弁当屋）
4	1979	千葉県	677	ムラサキイカのわさび合え	給食施設（自衛隊）
5	1979	大阪府	773	弁　当	飲食店（仕出屋）
6	1979	神戸市	1,114	弁　当	飲食店（仕出屋）
7	1980	大阪市	511	弁　当	飲食店（弁当屋）
8	1980	福岡県	950	貝柱・わた	貝柱集出荷業者
9	1982	福岡県	619	折り詰弁当（ペイ貝）	弁当屋
10	1984	岐阜県	3,045	キュウリと竹輪の中華合え	飲食店（弁当屋）
11	1986	東京都	636	カニ焼飯	飲食店
12	1986	神奈川県	1,328	弁当（キュウリの南蛮漬け）	飲食店（仕出屋）
13	1996	新潟県	703	茹でベニズワイガニ	販売店
14	1997	岡山県	527	弁　当	飲食店
15	1998	滋賀県	1,167	不明（給食弁当・給食）	飲食店
16	1998	宇都宮市	742	弁　当	その他

1 事件当たり患者数 500 名以上の事件（厚生省資料による）

表2･3　1999年の主な腸炎ビブリオ食中毒発生事例

発生月日	発生場所	原因食品（推定含む）	患者数
7月21日	大阪市	煮カニ	235名
7月25日	岩手県	生ウニ（自家用処理）	112名
8月14日	北海道	煮カニ	509名
8月14日	山形県	生寿司	674名
8月14日	茨城県	刺身（アオヤギなど）	266名（死亡1名含む）
8月17日	大阪市	生食用むき身貝（輸入タイラギ貝）	310名

（厚生省資料に一部追加）

1,604 名），1984 年のキュウリとちくわの中華合えによる事例（岐阜県，患者数 3,045 名），1998 年の給食弁当による事例（滋賀県，患者数 1,167 名）などがある．特に 1999 年には，大規模あるいは広域にわたる事件が多く，煮カニや生食用むき身貝（輸入タイラギ貝）による事例などが報告されている（表2･3）．

2･2　血清型 O3：K6 による食中毒の急増

東京都内で患者発生が認められた過去 10 年間の腸炎ビブリオ食中毒原因菌の主要血清型の推移を年次ごとに示した（図 2･4）．腸炎ビブリオ食中毒の事例数は，92 年が 26 事例，93 年が 24 事例，94 年は 41 事例であったが，以降年々増加し，97 年は 78 事例，98 年は 107 事例で過去 10 年間で最も多い年であった．

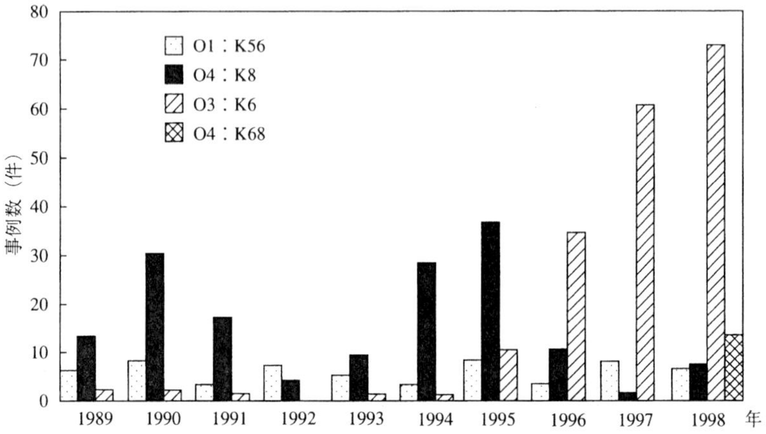

図2･4　過去10年間の主要血清型と事例数（東京都）

各年の原因菌の血清型のうち，最も多く検出された血清型は，92 年が O1：K56，93 年から 95 年までは O4：K8，96 年以降は O3：K6 であった．95 年から増加し始めた O3：K6 が，96 年には 66 事例中 34 事例（51.5%），97 年は 78 事例中 60 事例（76.9%），98 年は 107 事例中 72 事例（67.3%）と 97 年以来起因血清型の 70%前後を占めている．さらに通常腸炎ビブリオ食中毒では，その原因菌の血清型は，1 事例の中で複数検出されることが多いが，O3：K6 による事例では多くの場合，本血清型が単独に検出されることも大きな特徴である．すなわち，腸炎ビブリオ食中毒の急増は，血清型 O3：K6 による食中毒の急増によるところが非常に大きい[12]．

血清型 O3：K6 菌は，海外旅行者下痢症からも分離されており，インド，バングラデシュ，タイ，台湾においても増加が指摘されている[4, 13]．また，米国でも 1997 年および 1998 年に生カキを原因とする本血清型菌による食中毒が報告され，新たな問題を提起している[14, 15]．

2・3 血清型 O3：K6 の特徴

腸炎ビブリオの主な病原毒素は，TDH である．そして，最近明らかになった毒素に TRH があるが，通常，ヒトから分離される腸炎ビブリオは TDH 産生菌である[3]．

血清型 O3：K6 菌がわが国で検出されるようになったのは 1983 年頃から

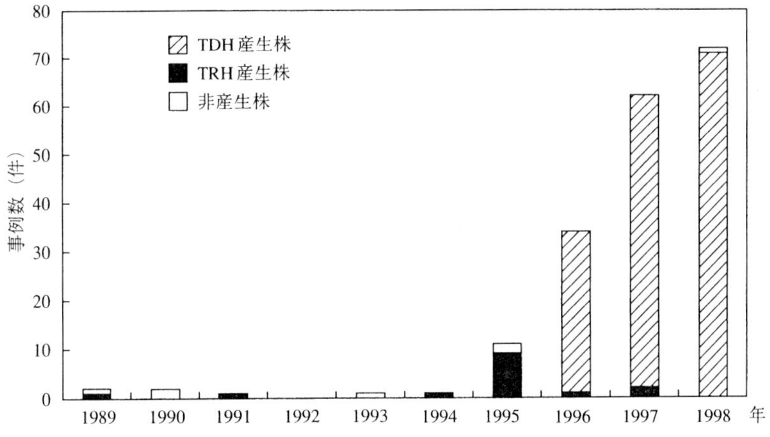

図 2・5 食中毒由来 O3：K6 株の溶血毒産生性

で，主に海外旅行者下痢症からの分離であった[4)]．そして，それらは TRH 産生菌であるということで特徴づけられていた．食中毒患者からの血清型 O3：K6 菌の分離状況は図 2･5 に示した通り，93 年に 1 事例，94 年に 1 事例，95 年に 10 事例であった．これらの分離株も海外旅行者分離株と同様 TRH 産生性であった．一方，食中毒事例から O3：K6 菌の分離が急増した 96 年では，分離株の毒素産生性が全く異なり，TRH 産生菌によるものは 34 事例中 1 事例のみで，33 事例が TDH産生菌によるものであった．97 年では，60 事例すべてが TDH 産生菌によるものであったが，うち 2 事例では，TDH 産生菌と TRH 産生菌の両方が検出された．98 年は，毒素非産生菌の 1 事例を除き，71 事例全例が TDH 産生菌によるものであった．このように 1995 年以来，血清型 O3：K6 菌による食中毒が多発しており，しかも本菌の産生毒素が 96 年を境に TRH から TDH に移行しているのが大きな特徴である．

さらに，血清型 O3：K6 菌を制限酵素 *Not* I で消化した後，パルスフィールド電気泳動（PFGE）法による DNA 解析を行った結果，そのパターンは過去の TRH 産生菌とは異なるが，現在の流行株（TDH 産生菌）間では類似性が非常に高い[12)]．さらに TDH 産生性の血清型 O3：K6 菌では，インド，タイ，米国などの海外分離株もわが国分離株と類似のパターンを示す．これらの研究結果から，最近流行している血清型 O3：K6 菌は，単一クローン由来の菌が世界的に流行している可能性が示唆されている[16)]．

表 2･4　血清型 O3：K6 腸炎ビブリオ食中毒の原因食品（全国：1997 年，全国食中毒事件録）

原因食品	飲食店	旅館	仕出屋	家庭	販売店	給食	製造所	その他	不明
刺身・寿司	33	7	2	6	3		2		1
貝類刺身[1)]	5			1					
生ウニ・ホヤ	3			2	1		1		2
茹でカニ・タコ	4		1	2				1	
酢の物[2)]		1				2			
魚介類[3)]	1	1							
野菜類[4)]	4			2					
宴会・会席料理	2	3	2						
定食・弁当など[5)]	7	2	7						

1) ホタテ貝，貝柱，赤貝．2) タコ，エビ・白魚，モズク．3) ムキエビ，ホタテ酒蒸しなど．
4) キュウリの味噌漬け，浅漬け，酢の物，キャベツの塩もみなど．
5) 和食弁当，煮物，カニ入りラーメンなど．

血清型 O3：K6 菌による食中毒の原因食品は，刺身・寿司，貝類刺身やそれらから二次汚染されたと推定される食品で，他の血清型菌による事例と著しい違いは認められてない[17]（表2·4）.

腸炎ビブリオは，夏季には海水や海泥などの環境や魚介類から多く分離されるが，ヒトから分離される血清型の腸炎ビブリオを環境や食品から分離することは非常に困難である．しかし，O3：K6 菌の分離を全国規模で集中的に試みた結果，海水や海泥から分離された成績が報告されている（表2·5）.

表2·5　血清型 O3：K6 腸炎ビブリオの環境・食品からの検出状況（全国：1999 年）

検査対象		検査件数	腸炎ビブリオ陽性数（%）	O3：K6 TDH＋陽性数（%）
海水／海泥	7 県	329[1]	—	10（3.0）
	5 県	222	126（57）	1（0.5）
魚（>20 種）	海岸／漁船	23	12（52）	—
	産地市場	68	36（53）	—
	小売り／流通市場	48	12（25）	—
貝類／エビ／イカ／タコ	海岸／漁船	19	18（95）	—
	産地市場	14	7（50）	—
	小売り／流通市場	17	7（41）	—
むき身流通市場		144	41（29）	—
	ホタテ貝柱	35	4（11）	—
	ウニ	27	3（11）	—
	赤貝むき身	20	15（76）	—
	青柳むき身	17	8（47）	—
	小柱	24	9（38）	—
	トリ貝	11	1（ 9）	—
	トリ貝（ボイル）	10	1（10）	—
輸入生むき身	赤貝	356	6（ 2）	—
	ウニ	587	14（ 2）	—

厚生省食品衛生調査会乳肉水産食品部会食品衛生対策分科会資料（2000.3）による.

[1] 磁気ビーズ法による検査.

2·4　血清型 O4：K68 菌の出現

1998 年には東京都内で発生した食中毒の原因菌として，血清型 O4：K68 が出現した[18]．この血清型菌は 1997 年以前には分離報告がなく，1998 年になって初めて検出されたものであり，抗原表にはない OK 不一致の新しいタイプの菌であった．血清型 O4：K68 は，東京都内で 1998 年に発生した腸炎ビブリオ食中毒107事例中13事例から検出され，O3：K6に次いで2番目に多い血清型であった．その後，他県でも報告され，全国的な広がりが確認されつつある[11]．本血清型菌は7～9月に検出され，特に時期的な偏りは認められなかった．原因食品は魚介類が多いが，特定の食材には限定されなかった．

食中毒由来の本血清型菌は，いずれもRPLA法でTDH産生，PCR法で*tdh*（＋），*trh*（－），ウレアーゼ非産生であった．さらに，2種類の制限酵素*Not* Iおよび*Sfi* Iを用いたパルスフィールド電気泳動法によるDNA解析でもそれらは同一のパターンを示したことから，新たに検出されたOK不一致の血清型O4：K68は，O3：K6と同様に単一クローン由来である可能性が高い[18]．さらに最近，O3：K6とO4：K68の近縁性についても研究が行われている．今後，十分に監視していくことが必要である．

§3．腸炎ビブリオ食中毒の原因食品

腸炎ビブリオ食中毒の原因食品としては，生食用生鮮魚介類が最も多いことはよく知られている．中でも，1996年には，茹ベニズワイガニ（新潟県など，患者数703名），1999年には，煮カニ（大阪市，235名／北海道，509名），生ウニ（岩手県，112名），生寿司（山形県，674名），刺身（茨城県，266名），生食用むき身貝（大阪市，310名）などが大規模食中毒の原因食品（推定も含む）として報告された（表2·2，表2·3）．

この他，輸入魚介類が原因と推定された最近の腸炎ビブリオ食中毒事例を表2·6にまとめた．これらの事例では，輸入およびその加工品であるカニ，サザエの浅漬け，タイラギの貝柱から各々腸炎ビブリオが検出されたことから，それらの食品が原因食品として強く疑われた．

表2·6　輸入魚介類が原因と推定された腸炎ビブリオ食中毒

発生年月	推定原因食品	発生地域（患者数）
1995年9月～11月	カニ	東京都（2）
1998年9月	サザエの浅漬け	東京都（3）
1998年11月	サザエの浅漬け	山形県（22），東京都（6）
1998年12月～99年1月	サザエの浅漬け	東京都（1）
1999年8月	サザエの浅漬け	神奈川県（4），東京都（4）
1999年8月	タイラギの貝柱	大阪府（110），大阪市（52），兵庫県（3） 神戸市（12），奈良県（94），広島県（39）

サザエの浅漬けを原因とした食中毒は，1998 年に 3 件，1999 年に 1 件発生した．このサザエは，加熱後冷凍したサザエを南米から輸入し，東京都内で解凍・洗浄後（加熱した場合と，未加熱の場合があった），調味液につけ込んで出荷したものである．原材料の輸入冷凍サザエの腸炎ビブリオ汚染による食中毒と推定された典型的な事例である．

大阪を中心として発生した生食用むき身貝による食中毒は，輸入タイラギ貝によるものであった．1999 年 8 月 14 日～17 日の 4 日間に大阪府下で腸炎ビブリオ食中毒が集中的に発生（14 事例，患者数 110 名）し，詳細に調べた結果，その原因食品が判明した事例である [19]．

腸炎ビブリオ食中毒は，わが国では 6 月～10 月の夏季に集中して発生するのが特徴である（図 2･3）．しかし，最近これまで発生のみられなかった 12 月～3 月の冬季にも，数は少ないが腸炎ビブリオ食中毒が発生している．わが国では冬季には国内産の魚介類からは腸炎ビブリオが検出されないことから，その感染源としては輸入魚介類が最も疑われる．発生状況をみると，旅館や宴会場で提供された食事が原因となっている．また，夏季の本菌食中毒 1 事件当たりの患者数が平均 22.9 人であるのに対して，冬季に発生した事例では，患者数が 50 人以上の比較的規模の大きい事例が主体である．

輸入魚介類を原因とする腸炎ビブリオ食中毒は，これまで発生のみられなかった冬季にも発生する危険性のあること，また，いずれの場合もその規模が比較的大きいこと，そして広域に及ぶことが大きな特徴である．

§4．予防対策

腸炎ビブリオ食中毒の急増に鑑み，厚生省は平成 11 年 8 月 19 日「魚介類による腸炎ビブリオ食中毒の発生防止の徹底について」を出し，低温における温度管理（可能な限り 4℃以下で保存），二次汚染防止，速やかな喫食，ハイリスク者に対する配慮などを通知した．魚介類やその加工品を生産から流通，消費まで包括的に監視する対策，すなわち危害分析・重要管理点方式（HACCP）を基本にした生産者から消費者までの各段階での衛生管理が重要である．

文　献

1）藤野恒三郎：*Pasteurella parahaemolytica* から *Vibrio parahaemolyticus* へ，腸炎ビブリオ（藤野恒三郎・福見秀雄編），一成堂，1963，pp.13-37.

2）滝川　巌：国立横浜病院を中心とする研究，腸炎ビブリオ（藤野恒三郎・福見秀雄編），一成堂，1963，pp.39-67.

3）工藤泰雄：腸炎ビブリオ食中毒の疫学，腸炎ビブリオ第Ⅲ集（三輪谷俊夫・大橋　誠監），近代出版，1990，pp.36-36.

4）尾畑浩魅，甲斐明美，関口恭子，松下　秀，山田澄夫，伊藤　武，太田建爾，工藤泰雄：感染症誌，70，815-820（1996）.

5）工藤泰雄：臨床と微生物，15，79-82（1988）.

6）加藤貞治・小原　寧・一戸治江・他：食品衛生研究，15，83-862（1965）.

7）本田武司：腸炎ビブリオ，食中毒予防必携（厚生省生活衛生局監修），日本食品衛生協会，1998，pp.104-115.

8）相楽裕子・松原義雄：臨床，腸炎ビブリオ第Ⅲ集（三輪谷俊夫・大橋　誠監），近代出版，1990，pp.72-79.

9）厚生省生活衛生局食品保健課編：食中毒統計（昭和63年－平成9年），厚生省（199-1998）.

10）厚生省生活衛生局食品保健課監視係：食品衛生研究，49，90-175，（1999）.

11）国立感染症研究所：特集，病原微生物検出情報，20，159-160（1999）.

12）尾畑浩魅・甲斐明美・柳川義勢・諸角聖：病原微生物検出情報，20，163-164（1999）.

13）P. K. Bag, S. Nandi, R. Bhadra, T. Ramamurthy, S. Bhattacharya, M. Nishibuchi, T. Hamabata, S. Yanasaki, Y. Takeda and G. Nair : *J. Clin. Microbiol.* 37，2354-2357（1999）.

14）CDC : *MMWR*, 47, 457-462（1998）.

15）CDC : *MMWR*, 48, 48-51（1999）.

16）H. Wong, C.Liu, T. Pan, T. Wang, C. Lee and Y. Shih : *J. Clin. Microbiol.* 37, 1809-1812（1999）.

17）厚生省生活衛生局食品保健課編：全国食中毒事件録（平成9年），厚生省（1998）.

18）尾畑浩魅・甲斐明美・柳川義勢・諸角聖：病原微生物検出情報，20，167（1999）.

19）石橋正憲・塚本定三・浅尾　努・他：病原微生物検出情報，20，272（1999）.

3．小型球形ウイルス

関 根 大 正*

ウイルス性胃腸炎（viral gastroenteritis）はありふれた疾患（common disease）であるにもかかわらず，病原体であるウイルスの解明が遅れている．様々なウイルスが胃腸炎を起こすが[1]（表3・1），1972年，患者糞便中に小型球形ウイルス（SRSV）が電子顕微鏡で確認され，胃腸炎の原因物質の一つとして注目された[2]．しかし，SRSVは，培養細胞でもヒト以外での動物でも増殖しない．そのため，SRSVのウイルスとしての性質の解明が遅れることになった．

表3・1　胃腸炎を起こすウイルス

<table>
<tr><th colspan="2">ウイルス</th><th>高リスク群</th><th>症　状</th><th>発 生 状 況</th></tr>
<tr><td rowspan="4">SRSV</td><td>ノーウォークウイルス群</td><td>全年齢</td><td>嘔吐・下痢</td><td rowspan="2">急性胃腸炎の流行を起こし，大規模集団発生もある．汚染食品の摂取，ヒト→ヒトの感染が主な原因と考えられる．</td></tr>
<tr><td>スノーマウンテンウイルス群</td><td>全年齢</td><td>嘔吐・下痢</td></tr>
<tr><td>ヒトカリシウイルス</td><td>幼児・老人</td><td>下痢</td><td>ヒト→ヒトの感染，病院・施設での集団発生例がある．</td></tr>
<tr><td>アストロウイルス</td><td>幼児～小児</td><td>下痢</td><td>症状は軽い傾向がある．水系感染が示唆されている．</td></tr>
<tr><td colspan="2">ロタウイルス</td><td>乳幼児</td><td>下痢</td><td>冬期に発生する乳児嘔吐下痢症．抗体獲得（3歳で90%）で治癒．</td></tr>
<tr><td colspan="2">アデノウイルス</td><td>幼児～小児</td><td>下痢</td><td>呼吸器症状を伴う場合がある．発症頻度は低い．</td></tr>
<tr><td colspan="2">エンテロウイルス</td><td>幼児～小児</td><td>下痢</td><td>呼吸器・神経疾患を伴う場合がある．発症頻度は低い．</td></tr>
</table>

近年，分子生物学的技術の発展に伴い，ウイルス粒子そのものを検出する方法に加えて，ウイルス遺伝子の検出法が開発されてきた．東京都では電子顕微鏡検査と遺伝子検査を早くより実施し，その結果，SRSVによるウイルス性胃腸炎の頻度が考えられている以上に高く，食品が媒介している場合が少なくないことを明らかにした．

* 東京都立衛生研究所

本章では，食品衛生上，話題になっているSRSVについて，胃腸炎の発症機序，免疫，感染経路，SRSVによる胃腸炎の発生状況や検査状況などについて概説する．

§1. SRSV 発見の歴史とウイルスとしての特徴

1・1 SRSV 感染症

アメリカ・オハイオ州ノーウォークの小学校で起きた急性胃腸炎の集団発生（発生は1968年）から得られた試料を用い，回復期の患者血清と患者糞便を混合し，電子顕微鏡で観察したところ，直径27ナノメーターのウイルス粒子（図3・1）が抗体によって集合塊を形成している像が1972年に観察された[2)]．この集団発生の患者糞便の無菌ろ液を，ボランティアへの経口投与実験で小腸上部

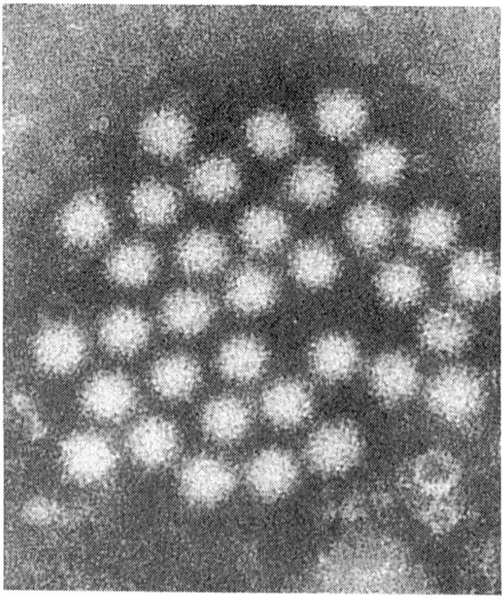

図3・1 SRSVの電子顕微鏡像

を中心とする胃腸炎を起こすことが確認され，このウイルス粒子が病原体であることが明らかになった．その後，SRSVは標準ウイルスとして最もよく研究されてきた．SRSVによる胃腸炎の主要な症状（図3・2）は，初発症状は吐き気，嘔吐で，続いて激しい下痢・腹痛が現れる[3)]．頭痛，発熱，咽頭痛などの感冒

様症状も見られる場合がある．潜伏期間は平均 1～2 日（図 3·3）で[3] 多くは治療しなくても 1～2 日間で軽快する．SRSV に対する抗体は 3～6ヶ月程度で感

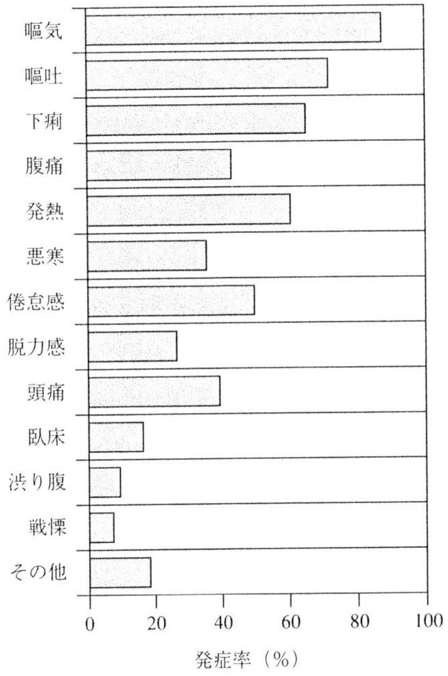

図 3·2 SRSV 検出患者の主症状（有効患者 714 名）

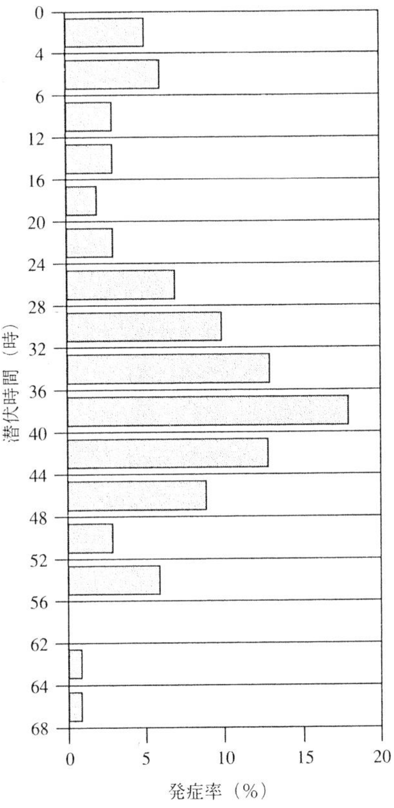

図 3·3 SRSV 検出患者の潜伏時間（有効患者 196 名）

染防御力を失うことが知られているが，ある一定地域での抗体価を測定した結果では多くの人が抗体を獲得していることが報告されている[4, 5]（図 3·4）．

1·2 SRSV の特徴

SRSV とは small round structured virus の略で，電子顕微鏡で観察すると，小さく（small）球形（round）の構造をした（structured）ウイルス（virus）ということでこのように呼ばれる（図 3·1）．日本では小型球形ウイルスと呼ぶ．

SRSV にはさまざまな種類があり，現在，ノーウォークウイルス群とスノーマウンテンウイルス群に大別されている．SRSV の特徴として，① 少量で感染し，発症率が高く感染人口が多い，② 長期免疫が獲得できないために，感染が繰り返される，③ 不活化されにくい，④ ヒトの腸内のみで増殖する，などの性質があげられる．

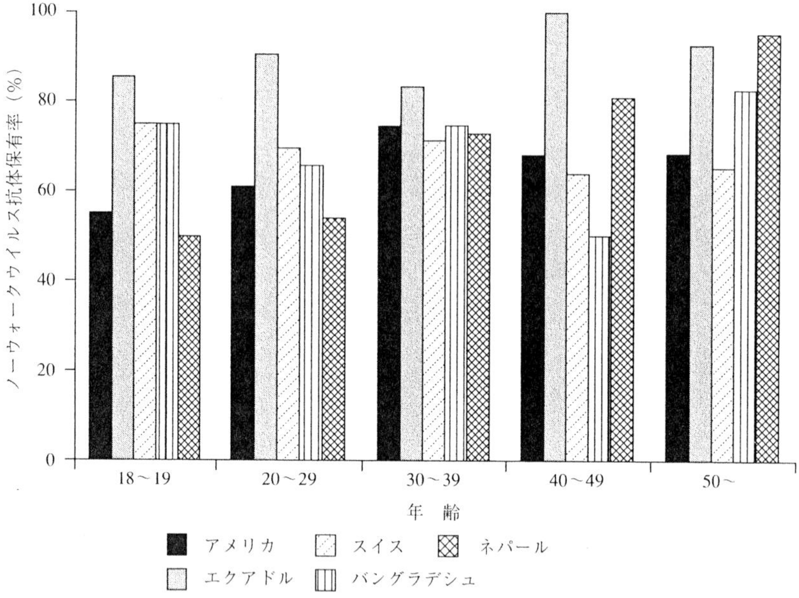

図 3·4　各地のノーウォークウイルスに対する抗体保有率

§2. SRSV による胃腸炎の疫学

2·1　感染経路

SRSV の感染経路は，汚染食品を介した経路と感染者からの二次感染（ヒト－ヒト感染）に大別される．表 3·2 には SRSV の主な感染経路と発生例，表 3·3 には平成 6 年に東京都の SRSV 検査でプラスとなった事例の届出喫食食品をあげたが，SRSV による胃腸炎発症の平均潜伏時間が 1～2 日なので，届出られた喫食食品が原因食品でない場合もある．原因食品中，x 2 乗検定で原因食として特定できた品目は貝類である．学校給食の場合は聞き取り調査の難しさから，給食日の特定はできても食品品目の特定は困難である．食品を介した感染を防ぐため食品の加熱を十分に行うことが効果的である．

表3･2　SRSV の感染経路と発生例

感染経路	発生例（発生地）
1．貝類（貝類棲息域の汚水による濃縮）	・本文参照
2．水（飲料水の汚染）	・遠足先の湧水（大分） ・アイス・キューブ 船上クルーズ（ハワイ） 球技試合場（アメリカ） ・井戸水 リゾート施設（アリゾナ）
3．果物	・船上クルーズ食事（ハワイ）
4．ヒト→食品の汚染	・サンドウィッチ（イギリス） ・レストラン（イギリス） ・大学食堂（アメリカ）
5．ヒト→ヒトの感染	・嘔吐物のエアロゾル感染 処理作業後発症（東京） ・Airbone　観光バス（イギリス） 病院（アメリカ）

表3･3　SRSV が検出された事例の原因推定食品（東京都：平成6年）

推定原因食品または喫食食品	貝　類：	生カキ・カキ酢・カキグラタン・カキのクリーム和え・サラ貝のマリネ・帆立貝のマリネ・むき身アサリ
	給　食：	和風サラダ・オレンジ・チョコムース・りんごサラダ
	その他：	バナナチョコ・たこ焼き・鉄板焼き・ウナギ蒲焼・牛刺身・天丼・チゲ雑炊・実習食・鮟鱇肝・にぎり寿司・海鮮丼・ピザ・フィッシュソーセージ・ロールパン

二次感染の予防としては手洗いの励行やうがいなどが有効である．SRSV は各種処理に対して抵抗性が強く，消毒効果は余り期待できないので，汚染物に触れない，あるいは汚染物を洗い流すことが重要である．調理に従事する者は，自身が不顕性感染者となっている可能性を認識して，十分な手洗いとうがい，またマスクや手袋の着用を習慣づけることが望ましい．

2･2　発生状況

厚生省は平成 9 年 2 月，「ウイルスが原因と疑われる食品由来の健康被害発生時の対応について」と題し，SRSV が原因と疑われる食品に由来する健康被害の発生概要の報告を全国都道府県に通達した．平成 9 年 9 月に発表された，平成 9 年 1 月から 5 月の第 1 回の厚生省調査結果報告を表 3·4 に示したが，患者の糞便検査の結果は検査事件のほぼ 80％に SRSV が検出されていた．

表 3·4　ウイルスが原因と疑われる食品由来の健康被害発生に関する調査結果
（平成 9 年 1 月 1 日～平成 9 年 5 月 31 日）

検査の種類	実施件数	検出件数			検出率	
PCR 検査のみ	63 件			51 件		81.0％
PCR 検査 ＋ 電顕検査	49 件	PCRのみで検出	13 件	40 件	26.5％	81.6％
		両方で検出	16 件		32.7％	
		電顕のみで検出	11 件		22.4％	
電顕検査のみ	23 件			17 件		73.9％
合　計	135 件			108 件		80.0％

（平成 9 年 9 月　厚生省発表）

東京都では，平成元年から都内で発生した食中毒調査に係わる事例のうち，① 食中毒起因菌が検出されなかったもの，② カキが関与したもの，③ その他の 3 事例の検体について，SRSV 検査を実施した．1990 年 1 月から 1996 年 10 月にかけて，飲食物による胃腸炎の有症苦情事例のうち，SRSV が検出された事例の月別発生状況を示したものが図 3·5 である．528 事例の検査の結果 64％に当たる 338 事例に SRSV が検出された．PCR 検査を開始した 1994 年 1 月からの集計では 296 不明事例数のうち 71％にあたる 211 事例に SRSV が検出された．上記の①，②の事例は毎年 10 月から 3 月に発生が集中しており，

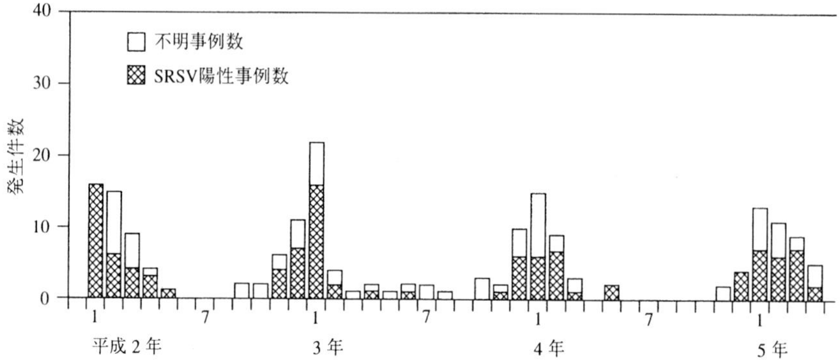

図 3·5　非細菌性胃腸炎事例の月別発

原因推定食品別にみた発生状況は図 3·6 のとおりで，カキ関連の事例が流通期間内に集中しているのは当然であるが，非カキ関連の事例のうち，学校給食は

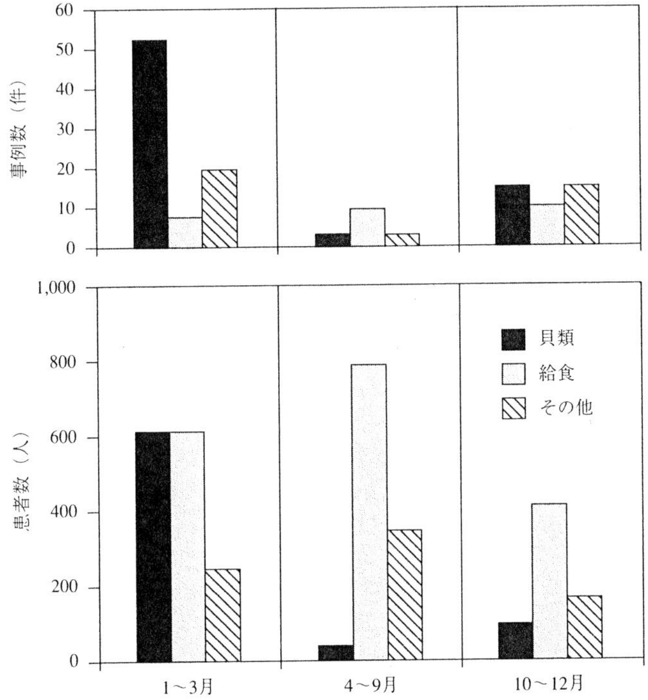

図 3·6　原因食品別にみた SRSV 検出事例の発生状況（東京都：平成 3～6 年の集計）

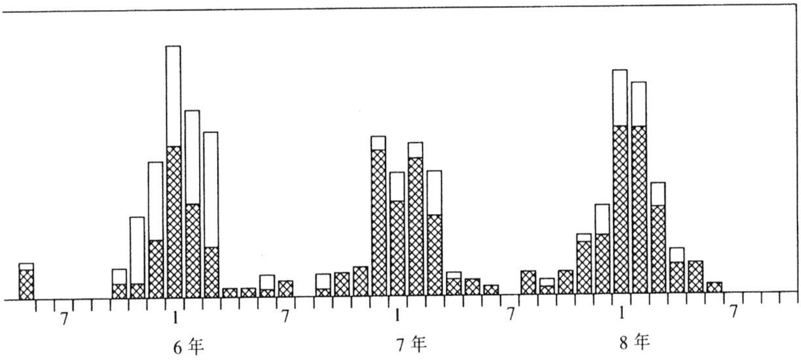

生数（平成 2 年～平成 8 年：東京都）

発生が通年に亘っているのが特徴的である．学校給食関連の事例は 1 事例あたりの患者数が多く，1991 年からの 4 年間の平均で，貝類が 1 事例あたり 11 人に対して，給食では 68 人であった．原因推定食品を喫食しても発症しなかった人（非発症者）や食品従事者（非発症者）からも SRSV が検出されており（表3·5），SRSV の不顕性感染の程度はかなり高いと考えられる．

表3·5　非発症者・従事者からの SRSV 検出
（東京都：平成 7 年 4～12 月　有症苦情事例調査結果）

	非発症者についても検査した事例中（21 事例）	従事者（非発症）についても検査した事例中（18 事例）
PCR 検査で検出された例	8 件（38%）	12 件（67%）
EM 検査で検出された例	2 件（10%）	5 件（28%）
両検査とも（－）	13 件（62%）	6 件（33%）

2·3　免　疫

SRSV 感染症の免疫については，米国でボランティアにろ過による無菌処理した SRSV を経口摂取させた実験が報告されている[6]．それによれば，初回発症後抗体が上昇し，しばらくの期間はウイルスの再投与に対して抵抗性を示して発症しないが，この効果は数ヶ月後には急激に低下する．過去に SRSV に感染したことを示す IgG 抗体を調査した日本の結果では，3 歳以下の小児の抗体保有率は 10%以下であったが，学齢期以後抗体保有率は急激に増加し，20 歳代で 70%，50 歳以上では 90%以上となる[5]．また米国，スイス，エクアドル，ネパール，バングラデシュなどで成人の IgG 保有率を調査した結果も，日本におけると同様 50～90%以上の保有率となっている[4]（図3·4）．

§3．SRSV の検査法

SRSV の検査は，現在のところ SRSV を増殖させる培養系が確立されていないため，糞便または嘔吐物からウイルス粒子およびウイルス遺伝子を，食品からはウイルス遺伝子を検出することにより行っている．ウイルス粒子は電子顕微鏡検査で，SRSV 遺伝子は遺伝子増幅（PCR）法で検査している．これまで，ウイルスは食中毒の原因物質とはされておらず，SRSV を食中毒の病原であったと確定するには，表 3·6 に示したプロセスを必要としたため，結果判定に相当の時間を要した．SRSV が食中毒起因物質として確立されたことにより，東京都ではSRSVの検査結果をできるだけ早く報告することを目的として，図3·7に示した検査工程を設定し，1997年～1999年のシーズンに対応した[7]．

表3·6　SRSVの検査法と検出されたSRSVが病原であるとする主な根拠

根　拠	検　査　法
1．発症に伴って試料中に，SRSV粒子またはSRSV遺伝子が検出され，回復後は検出されなくなる	電子顕微鏡観察（EM） 酵素抗体法（ELISA） 遺伝子増幅法（RCR） サザンブロット法（SB） ノーザンブロット法（NB） 蛍光抗体法（FA）
2．回復期患者の血清中に，検出ウイルスに対する抗体価の上昇が認められる	免疫電子顕微鏡（IEM） ウェスタンブロット法（WB） 酵素抗体法（ELISA）
3．疫学検査で，SRSV検出と発症原因との間に因果関係が認められる	喫食調査
4．SRSVを含む無菌ろ過液を，健康なボランティア，または動物に投与すると急性胃腸炎が再現され，上記の1，2も再現される	動物汚染モデル実験 ボランティア感染実験

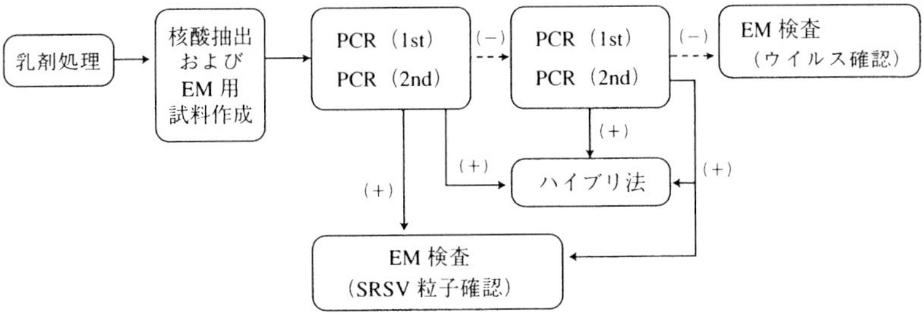

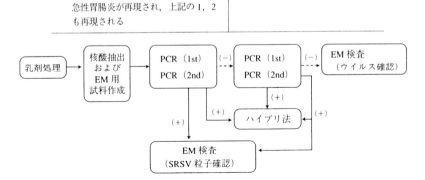

図3·7　東京都立衛生研究所におけるSRSV検査の工程

一般的にウイルス抗原検出には，発病後できるだけ早期に検体を採取した方が検出率が高い．特に，電子顕微鏡による検査法では，日数を経過するにしたがい，ウイルス排出量が検出限界以下に減少するので（図3·8），発症後2日以内に採取した試料が望ましい．通常，検査試料として搬入される患者便に含まれるSRSV粒子は著しく少量で，かつ糞便中の一部に局在しているので，検査でウイルスを確実に検出するために必要な試料量は細菌検査に比べるとかなり多く採取しなければならない．

食品の SRSV 検査は主にカキについて行われているが，図 3·9 に東京都で発生した食中毒事件で収去された原因食品（生カキ）の SRSV の PCR 検査とサザンハイブリダイゼーションの結果を示す．検査の結果，このカキはノーウォークウイルス群とスノーマウンテンウイルス群の 2 つの遺伝子をもつことが判明し，複数種の SRSV が含まれていたことが判った[8]．

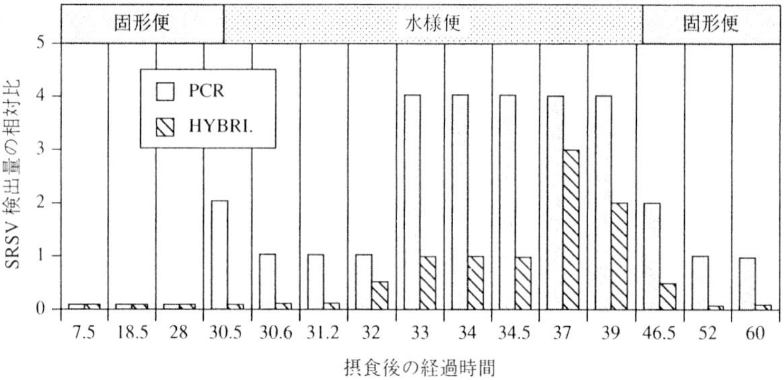

図3·8 ボランティアに SRSV（ノーウォークウイルス）を摂食させ，症状の出現と，SRSV の検出を PCR 法で調べた実験[9]

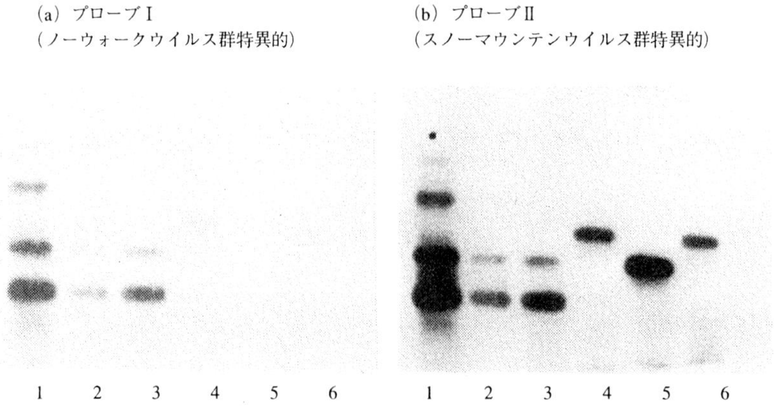

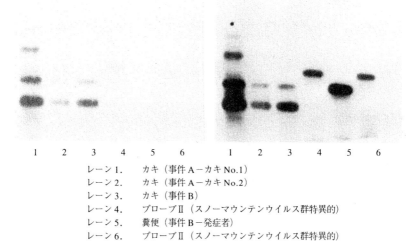

レーン 1.　カキ（事件 A－カキ No.1）
レーン 2.　カキ（事件 A－カキ No.2）
レーン 3.　カキ（事件 B）
レーン 4.　プローブⅡ（スノーマウンテンウイルス群特異的）
レーン 5.　糞便（事件 B－発症者）
レーン 6.　プローブⅡ（スノーマウンテンウイルス群特異的）

図3·9 SRSV の PCR 検査とハイブリダイゼーション

§4. 今後の展望

以上 SRSV 感染症について概説したが，SRSV 感染症は，急性期の症状は強いものの，ウイルスが排出されてしまえば短期間で軽快し，慢性化することはない．しかし SRSV には，感染力が強く発症率が高い，免疫抵抗性が持続せず感染人口が多いという特徴があり，SRSV 感染症が発生すれば公衆衛生学的な対処が必要となる．対処するためには感染源や感染経路の特定，感染の広がりの把握などが必要だが，このウイルスは感染力が強く，経口感染のみならず嘔吐物などを介したエアロゾルでも感染することがあるため，感染経路の特定は容易でない．今後は検出ウイルスのサブタイプ分類や，ウイルスの定量法など，よりきめ細かな分析法を用いて SRSV 感染症の実態が明らかにされていくことと思われる．

このような SRSV の防除法についてはまだこれからの研究課題であるが，これまでに得られている研究結果や情報からいくつかのヒントを得ることができる．一つは貝類を滅菌海水で還流することで，カキとエンテロウイルスを用いた実験では適当な条件を用いれば，カキ中のウイルスを 1,000 分の 1 以下にすることが可能である．あるカキ卸し業者から大腸菌 O157 を死滅させる同じ条件で加熱したカキからはほとんど菌が発見されないとの情報がある．その他，カキの生食をする食習慣のない地方では食中毒の発生がほとんどないとの報告もあり，これらからカキの中に含まれる SRSV は加熱により食中毒を発生させない量にまで不活化させうる可能性がある．さらにボランティア実験や SRSV による食中毒の電子顕微鏡検査の検討結果に示されるように感染者便中のウイルス量は発症後 2，3 日の間に急速に減少するので，トイレの手洗い設備などを工夫することにより発症者からの二次感染を防ぐことは可能であろう．エアロゾルによる感染も感染者の嘔吐物には感染性があることを認識していれば，それにより食品を汚染させないなどの対処は可能である．重要なことはカキのような水産物には頻繁にヒトを発病させうるウイルスが含まれており，それによる健康危害を防ぐためには具体的な対策が必要であることを認識することであろう．上にも述べた検査法の進歩と平行して様々な状況における有効な対策が明らかになっていくものと思われる．それらの対策を組み合わせれば SRSV による食中毒を大幅に減らすことは可能である．

文　献

1）牛島廣治：ウイルス性下痢症とその関連疾患，新興医学出版社，p.80，1995.

2）A. Z. Kapikian, R. G. Wyatt, R. Dolin, T. S. Thornhill, A. R. Kalica, and R. M. Chanock : *J. Virol.*, 10, 1075-1081 (1972).

3）東京都衛生局生活環境部：東京都の食中毒概要，1994，p.115-121.

4）H. B. Greenberg, J. Valvesuso, A. Z. Kapikian, R. M. Chanock, R. G. Wyatt, W. Szmuness, J. Larrick, J. Kaplan, R. H. Gilman and D. A. Sack : *Infect. Immun.*, 26, 270-273 (1979).

5）K. Numata, S. Tanaka, X. Jiang, M. K. Estes and S. Chiba : *J. Clin. Microbiol.*, 32, 121-126 (1994).

6）関根大正：日食衛誌, 40, 123-130 (1999).

7）佐々木由紀子・関根大正：東京衛研年報, 49, 12-16 (1998).

8）関根大正・佐々木由起子：日食微誌, 14, 135-143 (1997).

9）XiJang, J. Wang, D. Y. Grahan and M. K. Estes : *J. Clin. Microbiol.*, 30, 2529-2534 (1992).

4. ボツリヌス菌

木 村 凡*

ボツリヌス中毒が，日本で最初に発生したのは 1951 年 5 月，北海道岩内郡島野村でニシンのいずしによってである．ボツリヌス中毒は，その後，1984 年におきた真空包装辛子れんこんによる中毒事例のように，必ずしも水産食品にだけに発生しているわけではないが，いずし以外の水産食品との関連からも，水産学との関連は深い．特に，水産ねり製品に関しては，1974 年にフリルフラマイドの使用が，また，1980 年に過酸化水素処理が相次いで禁止されたことが契機となり，水産ねり製品においても畜肉製品同様にボツリヌス芽胞の発芽，発育，および増殖が危惧されるようになり，水産ねり製品は低温貯蔵が鉄則になっている．また，食品全体で低減加熱包装食品が増加している傾向のなかで，水産食品も例外でなく，新たなボツリヌス中毒に対する危惧が生じている．本章では，ボツリヌス菌と食品とのかかわりについてこれまでの知見を概説するとともに，今後，種々の新製造・流通保存技術に関連しての HACCP に対応した本菌の危害防除のための基礎的知見を中心に紹介する．

§1. ボツリヌス菌とは

ボツリヌス菌とはボツリヌス毒素を産生する偏性嫌気性グラム陽性胞子形成桿菌について与えられた種名である．これまで，ボツリヌス毒素を産生する菌はすべて *Clostridium botulinum* 1 属 1 種に分類されてきたが，最近の分子系統学的研究[1]により，ボツリヌス毒素産生遺伝子は多岐にわたる系統種や属にわたって存在していることが判明しており，毒素遺伝子の水平伝播が推測されている（図 4·1）．また，ボツリヌス毒は A，B，C，D，E，F，G 型にわけられるが，ヒトに食中毒をおこすのは A，B，E，F 型に限られる．特に A，B，E 型による食中毒が圧倒的に多く，F 型は希である．1971 年から 1989 年までに世界で発生したボツリヌス食中毒の毒素型別統計では，全体の 61％が A 型に

* 東京水産大学食品生産学科

よるもので，ついで21%がB型，17%がE型によるものである[2]．これらの90%以上は家庭で発生している．アメリカでは主としてA型により野菜のびん詰などから，ヨーロッパではB型（タンパク非分解II型）により肉の塩蔵品などで発生している．また，日本や北欧ではE型により魚介類の発酵食品などから発生している．上述したように，毒素遺伝子は多様な分子系統種（属）にまたがって存在しているので，毒素型と生理性状との間には必ずしも密接な関係が認められない場合があるので食品におけるリスク制御の観点からは注意を要する．

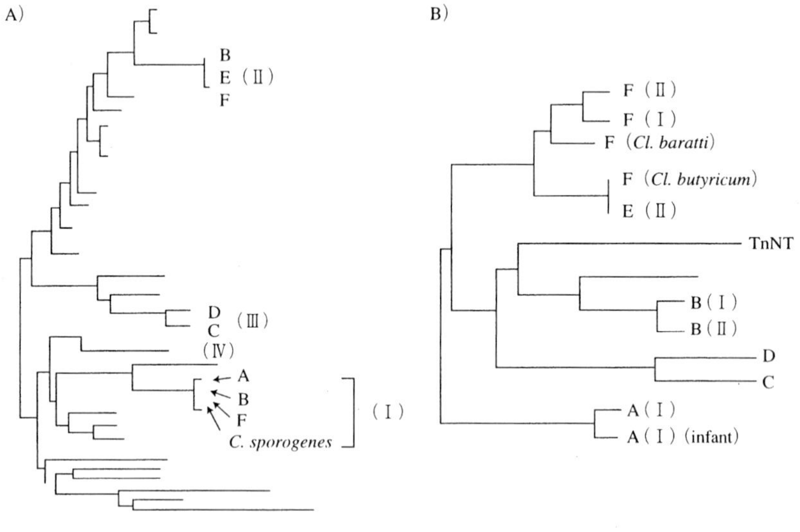

図4･1　*Clostridium botulinum* の16SrRNA遺伝子による系統樹（A）とボツリヌス毒素遺伝子配列による系統樹（B）[1]

ボツリヌス菌の生理性状を大別すると，タンパク分解性であるボツリヌスI型菌（A，B型）とタンパク非分解性のボツリヌスII型菌（B，E，F型）に2分できる．I型菌は10℃以下では増殖できない中温菌であり，また，12Dの殺菌（10^{12}細胞を1細胞に減少させる）のために製品の中心温度120℃，4分相当の加熱が必要（F値4）なことから，常温流通を前提としたレトルト食品では，この殺菌条件が食品衛生法で義務づけられている．一方，タンパク非分解性のボツリヌスII型菌（B，E，F型）はI型菌と異なり，チルド環境下（10℃

以下）でも増殖する点と，耐熱性は低く，80℃，6 分程度の加熱で死滅する点が食品衛生上重要な相違点である．

毒素の産生の詳細な生理条件はまだ明らかになっていないが，純粋培養系では培養液への毒素の蓄積は対数増殖期後期から定常期に認められる（図 4·2）[3]．

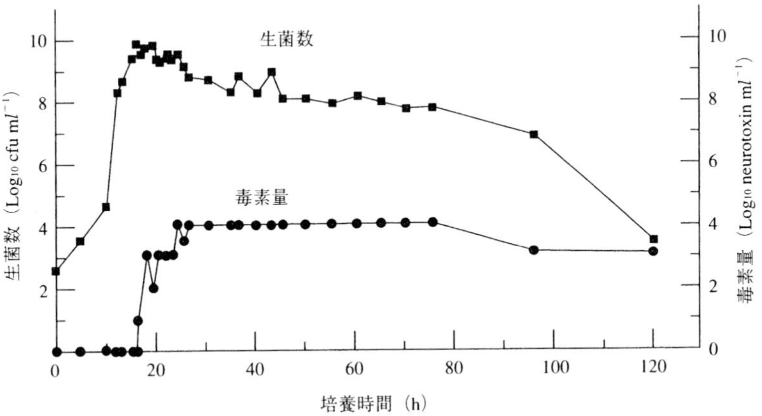

図 4·2 ボツリヌス A 型菌の増殖と毒素産生[3]

§2. ボツリヌス菌と一般食品

ボツリヌス菌のリスクが心配されるのは酸素を除去した包装食品が主たるものである．これらの食品をボツリヌスリスクの観点から大別すると，（1）12D 殺菌（F＝4 殺菌）を施したレトルト食品，（2）胞子形成菌の殺菌は考慮せず，一般の細菌（栄養細胞）の殺菌を主として行うパスツール殺菌食品（加熱条件は，60℃，30分など）となる．（1）は食品中の微生物の完全殺菌を前提としているので常温流通が可能であるが，（2）はボツリヌス A，B 型菌が生残してもそれらが 10℃以下では増殖できない性質を利用し，チルド流通（10℃以下）で一定期間の賞味期限内で流通させる．

1990 年代後半に入り，世界規模の食の新潮流として，食品の日持ちを最優先する考えから，自然な素材の風味を生かしできる限り食品添加物の少ない食品へと，消費者の食品に対する嗜好は変化している（図 4·3）．このような傾向のなかで，これまでレトルト食品として常温流通していた食品の殺菌条件を緩和し，チルド流通を行う食品（低減加熱・チルド食品）が急速に増えている．従来，F4 のレトルト条件で殺菌していた食品の加熱条件を F3，F2 などのように若干緩和する場合，ボツリヌス A 型菌が新たな想定危害菌になるが，これは，常温流通からチルド流通に切り替えることにより防除できる．一方，急速な家庭調理のアウトソーシング化に伴い調理済み食品の流通が増えているが，これらの多くは，80℃，6 分という条件で殺菌ができないものが多く，低温発育性ボツリヌス B，E 型菌胞子の生残を前提として流通せざるを得ない．調理済み食品は家庭の食卓にのるほとんどすべての食品が対象となるので，食塩や保存料の添加が風味を残すという観点から制限され，ほとんどのものが真空包装やガス置換包装されている．このような理由から，低温発育性ボツリヌス B，E 型菌によるリスクが 21 世紀に向けての食品業界の新たな危害菌として国際的に心配されている[4]．

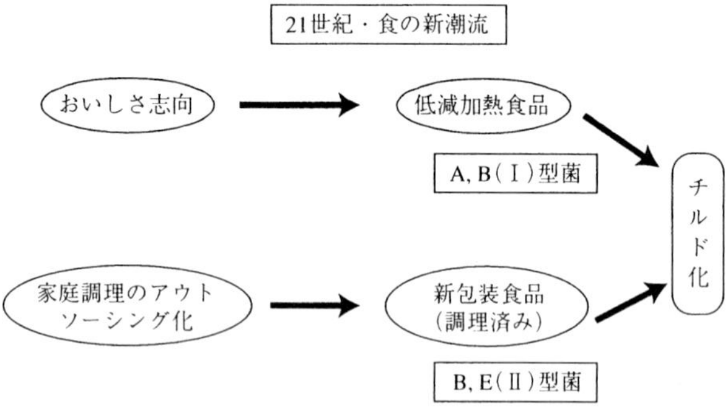

図4･3　21 世紀へ向けての食品の流れと新たなボツリヌス危害

§3. 水産食品とボツリヌス菌危害

水産魚介類の流通形態も家庭調理のアウトソーシング化の傾向の中で，ラウンド流通から切り身流通へ変化しつつあり，このような傾向のなか，真空包装やガス置換包装などの研究も盛んである．鮮魚のガスパックについては，特に鮮魚汚染の可能性が高くかつ低温増殖性のボツリヌス E 型菌については，文献的には 3.3℃で発育の報告[5]があり，生鮮食品を真空包装やガス置換包装といった形態で流通する場合，発育および毒素産生が危惧される．事実，アメリカで生鮮魚介類のガス置換包装・流通の普及の最大の障害と考えられているのは，本菌の増殖の危険性が考えられ，安全性について十分な結論が得られていないからである．

これまでの鮮魚のガス置換包装でのボツリヌス毒化のリスク評価の研究例についてみると，表 4･1[6~9] に示すようにそのほとんどで毒化の認められる時点ではすでに消費に耐えられないほど鮮魚の腐敗が著しくなっているものの，これらの報告には相互に矛盾するものも多く，決着が得られていない．その理由として，CO_2 濃度，貯蔵温度，ヘッドスペース容量，共存腐敗細菌の挙動など

表 4･1　魚肉をガス置換包装した場合のボツリヌス毒化[6~9]

魚種	温度	気相	接種	毒化	毒化時の品質
サケ[a]	25.0	60%CO_2 25%O_2 15%N_2	E 型菌胞子 1 / g	48 時間	可食
	25.0	90%CO_2 10%Air	1 / g	48 時間	可食
	10.0	60%CO_2 25%O_2 15%N_2	1 / g	10 日	可食
	10.0	90%CO_2 10%Air	1/g	10 日	可食
ニシン[b]	10.0	40%CO_2 30%O_2 30%N_2	B, E 型菌胞子 10^2 / g	7 日	腐敗
カレイ[c]	4.4	100%CO_2	A, B, E 型菌 10^3 / g	21 日以上	腐敗
		70%CO_2	10 / g	21 日以上	腐敗
	26.6	100%CO_2	10^3 / g	1 日	腐敗
		70%CO_2	10 / g	1 日	腐敗
タラ[d]	8.0	90%CO_2 2%O_2 3%N_2	E 型菌胞子 5.0×10^1 / g	8 日	可食
		65%CO_2 31%O_2 4%N_2	5.0×10^1 / g	9 日	可食

a：Ekulund (1982)，b：Cann (1983)，c：Llobrera (1983)，d：Post *et al.* (1985)

の影響に加えて，CO_2 ガスにより *Clostridium* 属胞子の発芽が促進されると同時に[10)]，逆に栄養細胞の増殖は抑制される可能性があること[11)]，また，O_2 を含んだ包装との比較では，好気性や通性嫌気性腐敗細菌による O_2 消費による酸化還元電位の低下や産生された CO_2 が *Clostridium* 属の挙動に影響を及ぼし，比較的解析が複雑になることなどが考えられる．

§4. HACCP によるボツリヌス菌対策

4・1　製造工程における HACCP

食品の HACCP による危害対策においては，まず，食品原料における危害菌の汚染防除が第 1ステップとなる．しかし，ボツリヌス菌胞子の場合，サルモネラや大腸菌 O157 と異なり，環境土壌に常在しており，原料段階での汚染は完全に排除することは困難である．そこで，製造工程におけるボツリヌス菌胞子の殺菌が最重要管理点となる．日本で発生した辛子れんこんによるボツリヌス A 型菌中毒（1984 年）の原因は，加熱不足（製造工程に 100℃以上の加熱殺菌なし）が主因であり，さらにこれらの製品を真空包装し常温で流通したものであった．これは，明らかに製造業者の知識不足からおきたものであるが，適切な HACCP プランが組立られていれば容易に防除できたであろう[12)]．ボツリヌス菌胞子の完全殺菌を目的としたレトルト食品や缶詰食品の場合は，負荷加熱量の積分値を表す概念である F 値がほとんど唯一の管理点といっても過言ではない．レトルト殺菌条件である F 値 4 とは，121℃で食品の中心温度 4 分相当の加熱を施すという意味であるが，これだけの積算加熱を加えるとボツリヌス A 型菌の胞子が 12D レベル（菌数が 10^{-12} に減少する）まで減少するという実験データから算出されている．F 値はボツリヌス胞子の加熱死滅実験で測定された D 値をもとに設定されているが，現状では試験管におけるモデル実験系によって得られた D 値を唯一の算出根拠としている．しかし，実際には殺菌時の胞子を取巻く化学的環境や加熱後の生残菌の計測培地組成により D 値が異なる場合もある．

4・2　流通管理における HACCP

以上，製造工場における重要管理点（CCP）という点では，ボツリヌスリスクでは殺菌温度管理の 1 点に集約されているが，前述したようにボツリヌス胞子の存在や生残を前提とした包装鮮魚や低減加熱チルド食品では流通におけるリスク制御が重要となる（図 4·4）．食品の低温管理が微生物学的リスクの防除に有効であることは周知の事実であるが，実際の食品の現場では，低温管理の実践が徹底されているとはいい難く，さまざまなトラブルが発生している．ひと

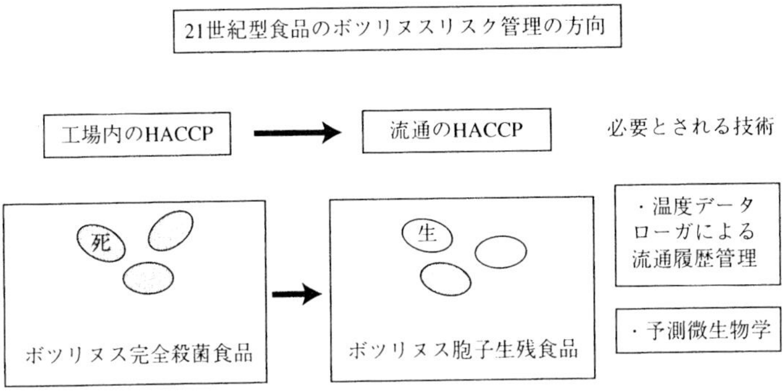

図 4·4　21 世紀型食品におけるボツリヌスリスク管理の方向と今後必要とされる技術

くちに徹底したチルド管理システムの確立といっても，現実には，製造業者が自前で流通を管理できるケースは少なく，複数の原料流通ルートを利用しているチルド食品の現状では，荷の積み替え時に，路上に荷が数時間にわたり積み上げられ放置されるケースなども多く，原料の品質管理上のネックとなっている．理想的には，一度出荷されてから冷凍加工場まで密閉されたコンテナのなかで荷の積み替えなしに一貫したチルド管理（2℃±0.5℃レベル）の厳密な温度管理を行い，且つ，10 分毎に温度記録をコンピュータ入力し保存するなどの徹底した温度管理システムなどが期待される．現状では，このような厳密な流通システムはコスト面から難点が多いが，今後，食品全般で HACCP 導入工場で生産されたという証明だけではなく，製品の流通時の温度履歴も問題とされ，どのような流通システムに乗ってきたかという証明が大きな意味をもつことが予想される．このような流通の差別化，ブランド化現象が進むことが予想される．

§5. 今後の展望と課題

先述したように，現在，食品の世界的潮流として，食品本来の自然な風味を残した低減加熱・低減添加物・チルド食品への需要が急速に増加しつつあり，

この傾向は高度な流通管理技術の発達した先進諸国を中心に今後さらに広まってゆくだろう．フランスではこれまでのレトルト食品の概念（ボツリヌス胞子の完全殺菌を徹底するための 12D 殺菌）から脱却し，必ずしも殺菌を徹底的に実施しなくとも，その後の流通（製造から消費者の食卓までの）時にボツリヌスリスクを制御できさえすればよい，という考え方になっている[4]．そこで今後これらの商品の開発・普及のネックとなるのは，ボツリヌス菌胞子生残を仮定した製品が流通時にもっとも最悪な温度管理不備化（ワーストケースシナリオ）におかれた場合にどのようなリスクがあるのか，すなわち，各食品におけるボツリヌス菌の増殖の予測が重要になってくる．現在，予測微生物学的手法の研究が活発であるが，これらの研究は純粋培養を用いた試験管液体培地系でのデータから予測を試みている．しかし，実際の食品では他の共存微生物との栄養をめぐっての競合や増殖拮抗作用などの因子を除外しているので，これらのモデルからの予測は実用モデルになり得ていない．そこで，求められている測定技術として多様な菌相のなかに存在するボツリヌス菌の増殖をモニタリングすることである．

筆者らは数年前より鮮魚を中心とした生鮮魚介類や水産加工食品の包装化に伴う微生物学的リスク評価研究に取り組んできたが[13~15]，ボツリヌス菌のリスク評価法としてのマウスアッセイ法では，動物実験に伴う倫理的な問題や施設の必要性と操作の煩雑性が問題となっている．包装食品は飛躍的に増加傾向にあり，ボツリヌスのリスク評価試験ニーズがあるにもかかわらず，依頼された分析機関（設備および技術上の理由で，国内数箇所しか対応不可能なのが実情）では分析可能試料数が限定され，ほとんど対応ができていないのが実情である．結局，多くの潜在的に発展可能な包装食品がありながら，ボツリヌスのリスクを恐れるあまり，開発が断念されている．そこで，筆者らは，蛍光プローブ PCR 法（TaqMan法）[16] を用いたリアルタイム PCR 定量法により，多様な腐敗菌のなかからボツリヌス E 型菌のみを選択的に迅速，定量する技術開発にとり組んでいる（図 4･5）．今後，このような迅速リスク評価技術を確率し，多量の食品検体を迅速簡便に分析が可能になれば潜在的に断念されている多様な包装食品の開発が促進されることが期待される．

以上，ボツリヌスリスクの CCP の一端を述べたが，今後の新商品開発への

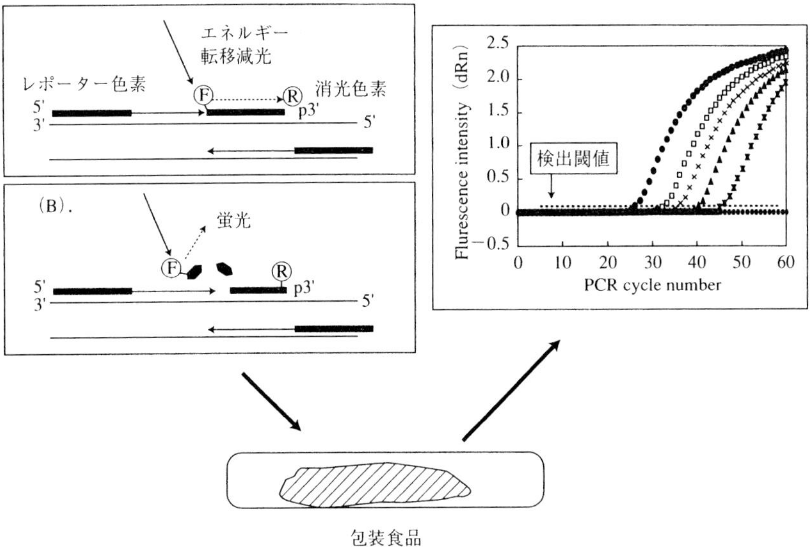

図4・5 蛍光プローブPCR法(TaqMan法)による包装食品のボツリヌスリスクアセスメント

筆者の微生物学の立場からみた私見を述べると，厳密なチルド流通技術の完備と各食品毎の迅速・性格なリスク評価こそが，低減加熱チルド食品という新しくおいしい商品の開発の普及の鍵を握っているといっても過言でないであろう.

文　献

1) M. D. Collins and A. K. East : *J. Appl. Microbiol.*, 84, 5-17 (1998).
2) A. H. W. Hauschild: *Clostridium botulinum*; Ecology and Control in Foods, Marcel Dekker, Inc., 1993, pp.69-104.
3) J. E. Call, P. H. Cooke and A. J. Miller : *J. Appl. Bacteriol.*, 79, 257-263 (1995).
4) M. W. Peck : *Trends Food Sci. Technol.*, 8, 186-192 (1997).
5) M. W. Eklund, D. I. Weiler, and F. T. Poysky : *J. Bacteriol.*, 93, 1461-1462 (1967).
6) M. W.Eklund : *Food Tech.*, 36, 107-112, 115 (1982).
7) D.C. Cann, G. L. Smith, and N. C. Houston: Fisheries and Food, Aberdeen, Scotland (1983).
8) A. T. Llobrera : Ph.D. thesis, Texas A&M University, College Station (1983).
9) L.S. Post, D. A. Lee, M. Sloberg, D.Furgang, J. Specchio, and C. Graham : *J. Food Sci.*, 50, 990-996 (1985).
10) Y. Ando and H.I ida : *Jpn. J. Microbiol.*, 14, 361-370 (1970).
11) A. M. Gibson, R. C. L. Ellis-Brownlee, M. E. Cahill, E. A. Szabo, G. C. Fletcher,

and P. J. Bremer : *Int. J. Food Microbiol.*, 54, 39-48（2000）.
12）日佐和夫・林　賢一・坂口玄二：日本包装学会誌, 7, 231-245（1998）
13）B. Kimura, S. Kuroda, M. Murakami and T. Fujii : *J. Food Prot.* 59, 704-710（1996）.
14）B. Kimura, M. Murakami, T. Fuiji : *Fish. Sci.*, 63, 1030-1034（1997）.
15）B. Kimura, T. Yoshiyama, T. Fujii : *J. Food Sci.*, 64, 367-370（1999）.
16）B. Kimura, S. Kawasaki, T. Fujii, J. Kusunoki, T. Itoh, and S. J. A. Flood : *J. Food Prot.*, 62, 329-335（1999）.

5. ヒスタミン生成菌

藤 井 建 夫*

§1. アレルギー様食中毒

鮮度の落ちた赤身魚を食べると食中毒になることは昔からよくあったらしく，江戸時代の川柳にも「はづかしさ医者にかつおの値が知れる」というのがある．この食中毒はおそらくアレルギー様食中毒であろう．アレルギー様食中毒はヒスタミンを高濃度（一般的には 100 mg / 100 g 以上）含む食品を摂取した場合，ふつう 30～60 分位で，顔面，とくに口のまわりや耳たぶが紅潮し，頭痛，じんま疹，発熱などの症状を呈するもので，たいてい 6～10 時間で回復する．

アレルギー様食中毒は 1950 年代に国内各地でサンマ，アジ，サバ，イワシなどの桜干しや焼き魚，煮魚などで多発したが，1970 年以降は年間数件程度に減少している（表 5·1）[1]．しかし，近年わが国近海での漁獲量が減少傾向にあるため，アジやサバなどの加工用原料を外国から輸入したり，中には加工も海外で行うケースが増えており，これによる食中毒の発生が心配される．現地での品質管理が十分でない場合には原料や加工段階でのヒスタミン蓄積が危惧されるからである．海外でも以前からマヒマヒやツナ缶詰などによる中毒が知られているが，最近は欧米での魚食志向を反映してアレルギー様食中毒が増加傾向にある．米国での水産物に由来する健康危害の報告例[2]をみると，アレルギー様食中毒の報告患者数は年間約 800 名，推定患者数は 8,000 名で，この数字からも本食中毒の重要性が理解される．

本食中毒の原因物質のヒスタミンは細菌のヒスチジン脱炭酸酵素作用によって生成されるが，赤身魚（マグロ，カツオ，アジ，サバ，イワシなど）が本食中毒の原因となりやすいのは，ヒスタミンの前駆物質となる遊離ヒスチジン含量が白身魚では数 mg～数十 mg / 100 g であるのに対し，赤身魚では 700～1,800 mg / 100 g と非常に高い[3]ためである．そのうえヒスチジン脱炭酸酵素の至適 pH が 5.5～6.5 であるので，筋肉の pH が 5.5～6.0 の赤身魚肉中では

* 東京水産大学食品生産学科

ヒスタミンを生成しやすい．食中毒を起こすヒスタミン量はわが国では 100 mg / 100 g 以上といわれ，腐敗臭を感じる前にヒスタミンがこのレベルに達することが多いので，気づかずに食べてしまい食中毒を起こすのであろう．

なお，欧米では赤身魚のほか，チーズ[4, 5]やワイン[6]などが原因の事例も報告されている．

表5･1　アレルギー様食中毒の発生状況（平成元年～7 年）

発生年月日	発生場所	原因食品	摂食者数（人）	患者数（人）	原因施設
平成元年 2.21	横浜市	マグロのフライ	76	19	飲食店
3 17	東京都中央区	カジキマグロ照焼き	49	14	飲食店
3.23	埼玉県東松山市	魚介類	192	48	飲食店
3.23	埼玉県滑川町	魚介類	140	69	飲食店
11.20	静岡県沼津市	マグロみそ焼き	88	59	飲食店
12.18	宮城県本吉町	カツオみそ漬け	84	14	飲食店（弁当）
2. 3. 6	東京都中央区	マグロの照焼き	119	29	飲食店
8.13	徳島県麻植郡	キハダマグロ	6	5	魚介類販売業
10. 4	長野県川上村，立科町	マグロの竜田揚げ	765	43	不明（学校給食）
10.11	仙台市	サンマすり身ハンバーグ	21	6	飲食店
3. 10. 4	大阪市	ウルメイワシ	51	8	給食施設
4. 10.29	和歌山県本宮町	サンマ干物	34	24	学校（給食）
6. 8. 8	那覇市	サンマの焼き魚	15	2	飲食店
8.10	徳島市	マグロ料理	55	28	飲食店
9.16	和歌山県那智勝浦町	魚フライ	197	9	学校給食施設
7. 1.30	東京都台東区	ワカシの干物	10	2	飲食店
4. 7	千葉県松戸市	カジキマグロのフライ	2,363	84	給食施設（高校）
5.15	那覇市	魚てんぷら	8	6	飲食店

§2. ヒスタミン生成菌の種類と分布

アレルギー様食中毒はかってはプトマイン中毒と呼ばれ原因不明であった．国内各地で本中毒が多発した 1950 年代初頭，この食中毒がヒスタミンによるらしいことはすでに知られていたが，その生成が魚肉腐敗細菌によることは 1953 年に木俣・河合[7]によって報告されている．木俣らが分離した原因菌は *Proteus morganii* と酷似であったが，低温増殖性のため *Achromobacter histamineum* として報告された．その後これと類似のヒスタミン生成菌は相磯ら[8]によっても *Proteus morganii*（モルガン菌，現在 *Morganella morganii*）として報告されている．

魚やその加工品のヒスタミン生成菌[9]は，モルガン菌をはじめ 10 数種が知られているが，それらのほとんどは *Citrobacter freundii*, *Enterobacter aerogenes*, *E. cloacae*, *Escherichia coli*, *Klebsiella pneumoniae* などの腸内細菌科細菌である.

一方，海洋由来のヒスタミン生成菌については，1958 年に飯田らの報告[10]があるが詳細な性状は不明であった. 1981 年以降，奥積ら[11]は詳細な研究によって，海洋や魚の腸管，体表などにも低温性と中温性の 2 種の好塩性ヒスタミン生成菌，*P. phosphoreum*[12, 13]および *P. histaminum*[14]（= *P. damselae*[15]）が存在することを明らかにしている（表5·2）.

表5·2　水産物の主なヒスタミン生成菌とその増殖特性

菌　種	増殖特性 温度（最低，至適，最高）	増殖特性 食塩（至適）
Morganella morganii（モルガン菌）	中温性（10，37，43℃）	非好塩性（0.5％以下）
Photobacterium histaminum（=*P. damselae*）	中温性（10，30～35，40℃）	好塩性（2％）
Photobacterium phosphoreum	低温性（0，20，25～30℃）	好塩性（2％）

以上のほか，塩蔵魚[16]から *Staphylococus* や *Pediococcus* が，魚醤油[17]，糠漬け[18, 19]などの発酵食品から *Tetragenococcus muriaticus*, *Staphylococcus* などが耐塩・好塩性のヒスタミン生成菌として報告されている. なお，アレルギー様食中毒は上述のようにワインやチーズなどでも報告例があり，原因菌としては，*Leuconostoc oenos*[20]，*Lactobacillus buchneri*[4, 5]などが知られている. ここでは水産物と関わりの深い上記 2 種の海洋由来ヒスタミン生成菌とモルガン菌を中心に述べる.

M. morganii[21]は腸内細菌科に属するグラム陰性桿菌で，周毛性の鞭毛で運動する. 至適温度は 37℃で，10～43℃で増殖する. pH 4.5 以上で増殖できる. 通性嫌気性で，糖はグルコースとマンノースのみを分解して酸とガスを産生する. GC 含量，スオーミング陰性，硫化水素陰性，ゼラチン分解陰性などの点で *Proteus* と異なる.

P. phosphoreum [21] は単極毛で運動するグラム陰性桿菌で，グルコースを発酵的に分解し，酸とガスを産生する通性嫌気性菌である．増殖至適温度が 20℃付近にあり，2.5℃で増殖するが 35℃では増殖できない低温菌である．また食塩無添加の培地では増殖できず，至適食塩濃度が約 2％の好塩菌である．増殖下限 pH は 4.6 付近である．発光性はあるものとないものがある．

P. histaminum [14] も *P. phosphoreum* と同様，単極毛で運動するグラム陰性桿菌で，グルコースを発酵的に分解し，酸とガスを産生する通性嫌気性の好塩菌である．しかし増殖温度域が *P. phosphoreum* とは異なり，35℃で増殖するが 4℃では増殖できない中温菌である．また発光性を有しない．本菌はこれまで 16SrDNA の解析結果とデータベースとの比較から新種と考えられていたが，再検討の結果，*P. damselae* と同一菌種であることがわかった [15]．

モルガン菌と 2 種の好塩性ヒスタミン生成菌の沿岸海域での出現状況を調べた結果 [22]（図 5･1）では，低温好塩性のヒスタミン生成菌は冬から初夏にかけて存在し，夏には中温好塩型の菌が多く出現する．一方，モルガン菌は相模湾のような清浄海水からは検出されず，東京湾湾奥部など比較的汚れた海水から検出される．

また，市販鮮魚について調べた例 [23]（図 5･2）では，中温好塩型菌やモルガン菌はおもに夏場に検出され，低温好塩型菌が周年高頻度に検出される．このうち，中温好塩性のヒスタミン生成菌は夏の鮮魚から，多いときには 10^3～10^4 / cm^2 検出されることがあり，しかも，後述のように，モルガン菌と同程度に強いヒスタミン生成能をもつので，過去の食中毒事例の中には本菌によるものも含まれていた可能性がある．一方，低温好塩型菌の *P. phosphoreum* は 2.5℃貯蔵の魚肉中に多量（61～144 mg / 100 g）のヒスタミンを産生することが確認されている [24] ので，低温流通が主流の鮮魚介類では食品衛生上注意すべき細菌であるといえる．これまでも冷蔵中の水産物でヒスタミンが生成する事例が知られており，その理由は不明なことが多かったが，本菌が原因である可能性が高い．ただし，この菌も凍結には弱く好塩性であるので，実際の食中毒事例からは検出されにくい．

海水や鮮魚からは好塩性ヒスタミン生成菌が分離されるにもかかわらず，これまで食中毒事例から本菌が分離されないのは，① わが国ではアレルギー様食中毒が，行政的には化学性食中毒として扱われるため，原因菌の究明までは行われない事例が多いこと，② 微生物検査が行われたとしても，本菌が検査に常用される食塩無添加培地では増殖できないこと，③ 低温好塩型菌が原因菌の場合には常用の 35℃培養では増殖できないこと，④ 本菌群は冷凍に弱いので凍結サンプルでは死滅してしまうこと，などによるのであろう.

好塩性ヒスタミン生成菌に対する凍結の影響を調べた例[25]として，図 5·3 は *P. histaminum* の菌体懸濁液を－20℃で貯蔵した際の生菌数とヒスチジン脱炭酸酵素活性の変化を調べた結果である．この菌群は凍結に極めて弱く，菌数は

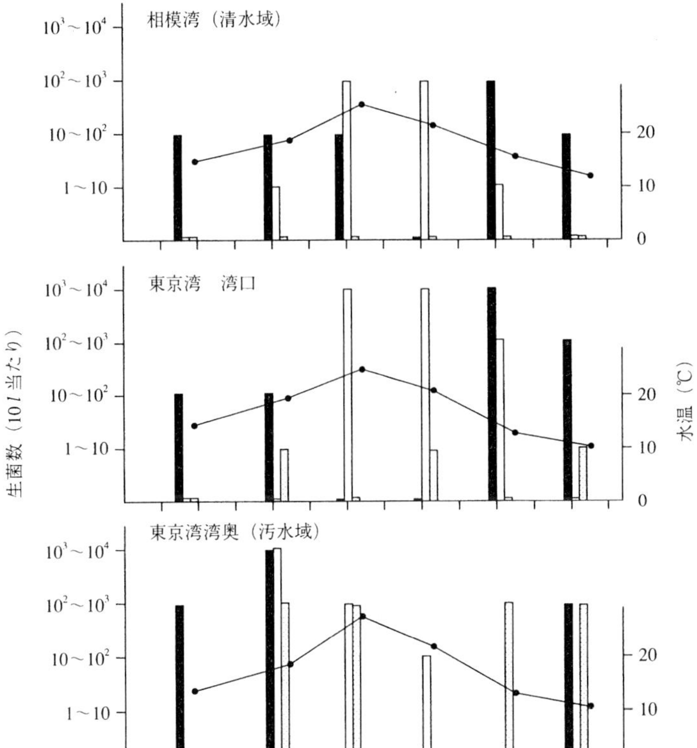

図 5·1　海水中のヒスタミン生成菌数の季節変化

凍結 7 日後には 1/10^8 以下に急減するが，菌液の酵素活性は 7 日後でも約 50％が保持されていることがわかる．

これと関連して，ヒスタミンが 543 mg / 100 g と異常に蓄積している冷凍キハダマグロにおいて，ヒスタミン生成菌は 10～100 / g しか存在せず，しかも異常魚肉中のヒスチジン脱炭酸酵素活性が正常魚肉に比べて有意に高い（ヒスタミン生成が筋肉由来酵素による可能性がある）事例[26]が報告されているが，この原因も図 5･3 のようなことによると考えると説明できる．

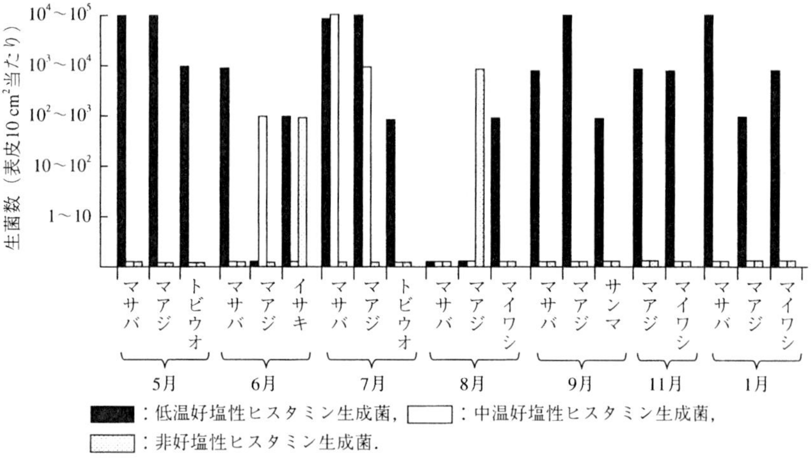

図 5･2　鮮魚に付着しているヒスタミン生成菌数の季節変化

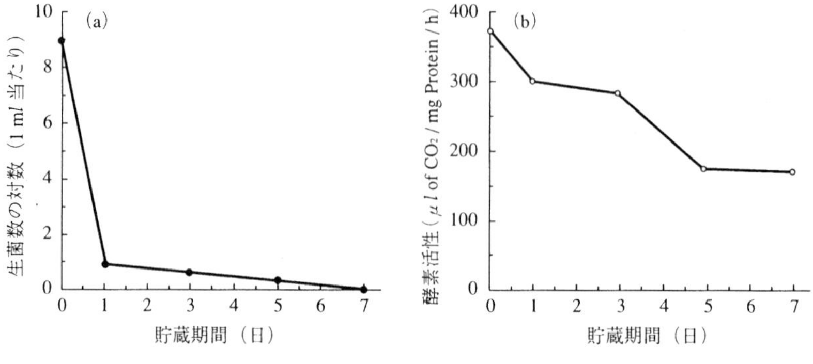

図 5･3　−20℃貯蔵中の *P. histaminum* の生菌数 (a) とヒスチジン脱炭酸酵素活性 (b) の変化

§3. ヒスタミン生成菌のヒスチジン脱炭酸酵素活性

これまでヒスタミン生成菌として知られている代表的な菌群のヒスタミン生成活性[27]を表5·3に示す．ヒスタミン生成活性は同種においても菌株によってかなり異なるが，モルガン菌はいずれの菌株も強い活性を有することがわかる．腸内細菌科細菌ではモルガン菌のほか，*Citrobacter freundii* や *Enterobacter aerogenes*, *Klebsiella oxytoca*, *K. planticola*, *K. pneumoniae* などにも強い生成能を有する菌株が存在する．また好塩性菌群のうち，*P. histaminum* はモルガン菌と同程度に強い活性をもち，重要なヒスタミン生成菌と考えられる．*P. phosphoreum* の中にも比較的強い菌株がみられ，本菌群は他の菌群とは違って低温増殖性であるので，とくに低温貯蔵時の重要なヒスタミン生成菌と考えられる．

表5·3 魚から分離されたヒスタミン生成菌のヒスチジン脱炭酸酵素活性

菌 種	菌株数	ヒスタミン（mg / 100 m*l*）	
		平均	範囲
Citrobacter freundii	28	41.3	0～296.4
*Enterobacter aerogenes**	2	267.3	30.7～503.9
Enterobacter cloacae	81	35.7	0～407.5
Escherichia coli	3	12.2	6.4～16.0
Hafnia alvei	16	28.6	5.9～132.8
Klebsiella oxytoca	19	350.7	233.7～451.8
*Klebsiella planticola**	2	373.9	291.1～446.7
Klebsiella pneumoniae	1	339.3	339.3
Morganella morganii	47	335.1	185.2～441.6
Serratia liquefaciens	50	14.4	0.4～59.4
Serratia marcescens	52	22.2	0.9～222.8
*Photobacterium histaminum**	2	474.8	438.5～511.1
*Photobacterium phosphoreum**	5	41.5	0.3～190.9
*Proteus vulgaris**	3	83.0	28.0～221.0

*文献[27]に追加（未発表）．

モルガン菌と2種の好塩性ヒスタミン生成菌のヒスチジン脱炭酸酵素活性に及ぼす温度とpHの影響[28, 29]を図5·4に示す．中温性のモルガン菌と *P. histaminum* の至適温度は35～40℃付近であるのに対し，低温性の *P. phosphoreum* では30～35℃付近とやや低めである．至適pHはいずれも5.5～6.5付近であり，モルガン菌と *P. histaminum* はpH 7以上では急激に低下する．

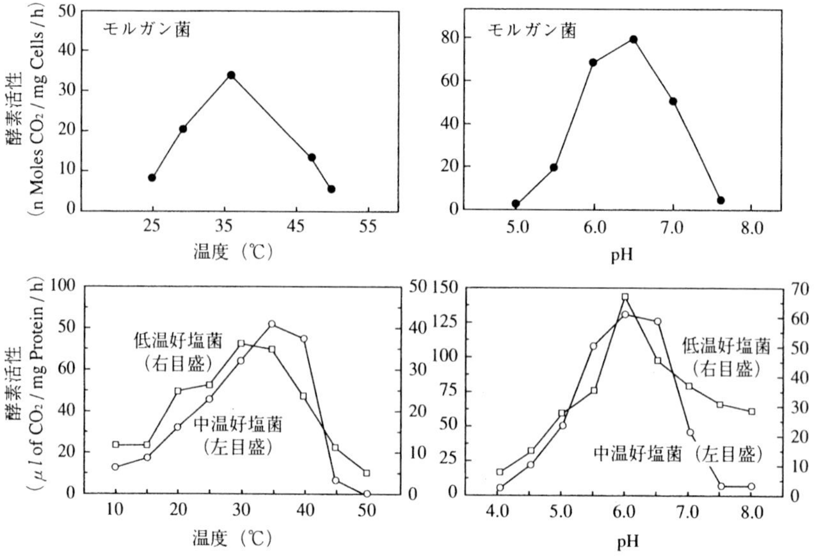

図5･4　ヒスタミン生成菌のヒスチジン脱炭酸酵素活性に及ぼす温度と pH の影響

§4. 魚肉貯蔵中におけるヒスタミン蓄積

イワシ，サンマ，サバ，カツオなどの赤身魚を 5，20，35℃に貯蔵した際のヒスタミン量の変化を調べた例[30]を図 5･5 に示す．この結果から，赤身魚におけるヒスタミン蓄積について，① 魚種（または試料）ごとに蓄積量や傾向が異なり，② 35℃がもっとも著しい場合と，20℃の方が 35℃よりも著しい場合がある，③ 35℃でもまったく蓄積しないことがある，④ 5℃においても 5 日以内に 100 mg / 100 g 程度認めうることがある，⑤ いったん蓄積したヒスタミンが減少する場合がある，⑥ 多くの例で血合肉よりも普通肉での蓄積が多いことなどがわかる．

このうち 5℃貯蔵でのヒスタミン蓄積には *P. phosphoreum* が，35℃では中温性菌が，20℃ではこの両者が関与すると考えられるが，図 5･5 のように試料によってヒスタミン蓄積の様相（増加開始時期や蓄積量，消長パターン）が異なる原因は，付着しているヒスタミン生成菌の種類や数が季節や海域によって異なるほか，ヒスタミン分解菌（腐敗菌の *Pseudomonas putida* など）の分布

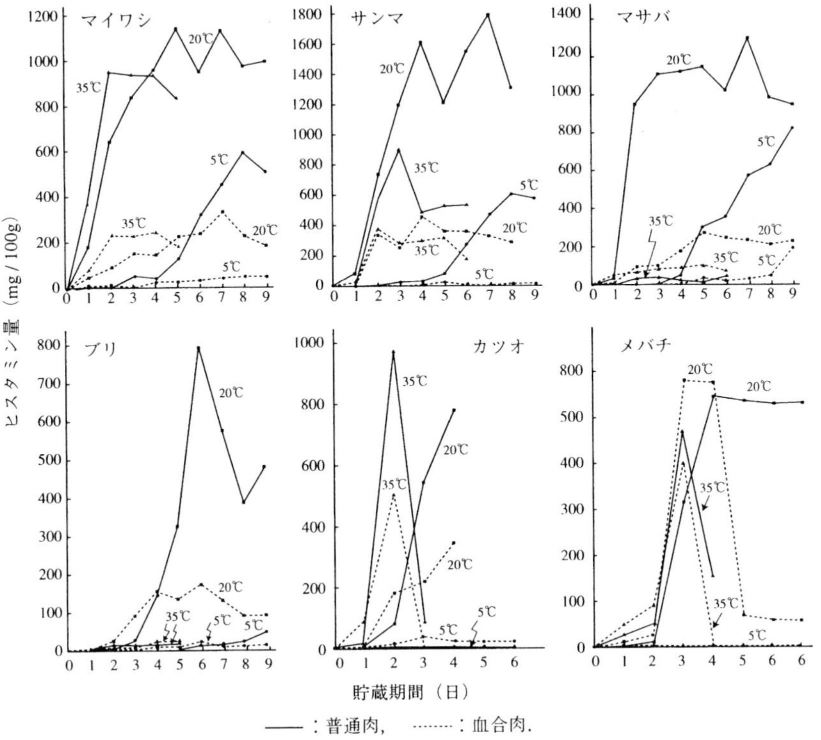

図5·5　各種赤身魚の5，20，35℃貯蔵中のヒスタミン量の変化

や消長，pH などに依存しても大きく変動するためである．図 5·6 [31] は 5℃貯蔵のマサバにおけるヒスタミン，ポリアミン量の変化を調べた例である．同じ魚種でもヒスタミンの増加開始時期や蓄積量，消長パターンが試料によって著しく異なることがわかる．

P. phosphoreum は魚の皮膚だけでなく，腸管内容物にも通年検出される．その菌数は中温性の生成菌と同じか 10～100 倍ほど多く存在し，筋肉中でのヒスタミン蓄積にはこれら腸管内の生成菌も重要である．マサバを 25℃貯蔵した際のヒスタミン生成菌の挙動を調べた結果 [23] では，腸管内の生成菌は 8～10 時間で著しく増殖し，その後，腸管の自己消化で腹腔内へ拡散し，さらに無菌であった筋肉内へ移行，増殖し，ヒスタミンを生成・蓄積する．腸管内には多いときには 10^7～10^8 / g のヒスタミン生成菌が存在する場合もあり，そのよう

な魚体で管理の不手際によって内臓の自己消化が早く進行した場合や，内臓除去が不十分な状態で放置したような場合には，腹部肉にかなりのヒスタミンが蓄積し，これが凍結・解凍を繰り返すことでさらに筋肉中へ移行する可能性がある．内臓を除去したサバより除去していないサバの方がヒスタミン蓄積が多いというPan and Kuo[9] の結果はこの推論を裏付けていると考えられる．

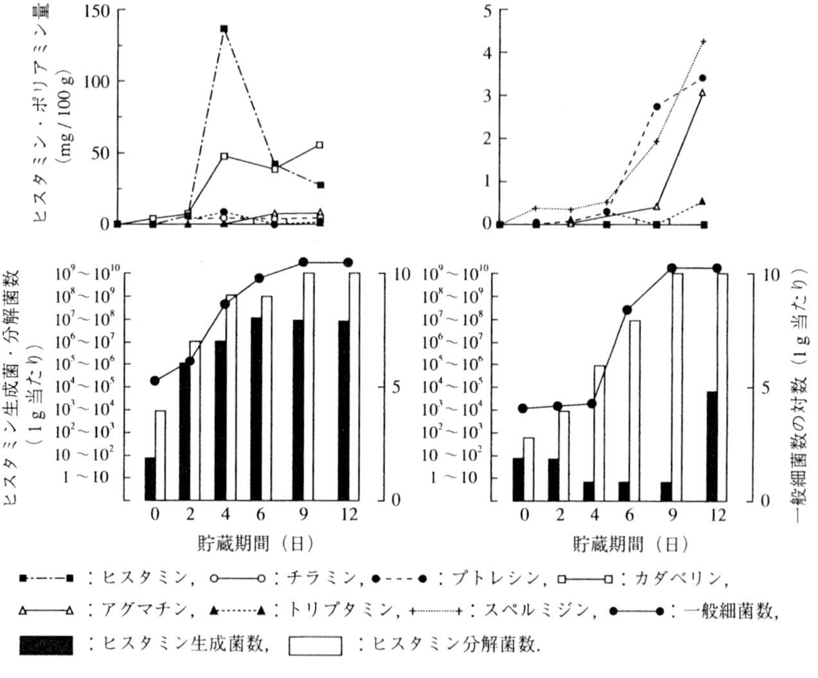

図5·6　5℃貯蔵中のマサバにおけるヒスタミン・ポリアミン量，一般細菌数，ヒスタミン生成菌・分解菌数の変化（左：5 月，右：11月）

§5．ヒスタミン生成菌の検出・計数法

ヒスタミン生成菌の検出用培地としては，Møller 培地[32]，Niven 培地[33]，Yamani 培地[34] などがある．いずれもヒスタミン生成菌による培地中のL-ヒスチジン（5 g / l）からのヒスタミン生成（pH 上昇）を BCP などの指示薬の色変で見分けるものである．これらの培地には 5 g / l のペプトンまたはトリプト

ンを含むため，培地の色変は必ずしもヒスタミンによるとは限らないので，液体培地，平板培地いずれの場合もそこで増殖した細菌を分離し，ヒスチジン・ブロス中でのヒスタミン生成を確認する必要がある．

海水や鮮魚中のヒスタミン生成菌の数は全生菌数の 0.01～10％程度であるので，上記の培地では，共存する *Pseudomonas* や *Alteromonas*, *Vibrio*, *Moraxella*, *Acinetobacter* などの優勢菌群中からヒスタミン生成菌を分離することは極めて難しい．このような困難を克服するため，与口ら[22, 23]はヒスタミン生成菌の低 pH 増殖性に注目して，まず pH 4.7 のブイヨンで増菌培養した後，ヒスチジンブロスでのヒスタミン生成を確認し，平板上で画線分離する方法を開発している．ただし，*Enterobacter* や *Klebsiella* の中にもこの pH では増殖できないものがあることから，この方法によってもすべてのヒスタミン生成菌が検出できるわけではない．

従来法に代わる簡易迅速検出法として，筆者らの研究室では，ヒスチジン脱炭酸酵素遺伝子をターゲットにした PCR 検出法や，その増幅産物の多型解析（RFLP や SSCP 解析など）による簡易分別法を現在検討中である．

§6. ヒスタミンの測定法

ヒスタミンの測定にはわが国では，かっては河端ら[35]のカラム法が用いられていたが，最近は HPLC 法[36]が広く用いられている．米国では蛍光光度法（AOAC 法）[37]が公定法として用いられている．このうち HPLC 法はヒスタミン以外のアミン類も同時定量できるという利点がある．しかしいずれも前処理として酸またはメタノール抽出液中の妨害物質を陰イオン交換樹脂によって除去する必要があり，測定に 6 時間以上を要するなどの点で，迅速・簡便性が求められる HACCP には不向きである．

ここでは最近，迅速・簡便法として開発された酵素法[38, 39]と酵素免疫法[40]について紹介する．

酵素法はヒスタミンに特異性の高いアミンオキシダーゼによるヒスタミンの酸化分解反応を利用したもので，この反応で消費された酸素量を酸素センサにより測定し，ヒスタミン濃度を求めるものである．専用の測定用装置とキット酵素液が市販されている．

酵素免疫法は，マイクロカップに固相化したヒスタミン抗体に対する検体由来ヒスタミンとあらかじめ酵素標識したヒスタミンの競合反応（抗原抗体反応）を利用したもので，反応液を酵素によって発色させ，その吸光度からヒスタミン量を求める．これもキット化された製品が輸入販売されている．

各種ヒスタミン測定法の概要を比較して表5·4に示す．

表5·4　ヒスタミンの測定法の比較

	HPLC法	蛍光光度法（AOAC法）	酵素免疫法（ヒスタマリン）	酵素法（ヒストマン）
測定時間*	>6時間	>6時間	>2時間	<1時間
サンプル調製	酸抽出	メタノール抽出	水抽出	熱水抽出
	フィルターろ過	イオン交換樹脂による妨害物質除去	遠心分離	濾紙ろ過
測定操作	煩雑（機器・試薬調製）	煩雑（操作・試薬調製）	やや簡便	簡便
経費			1,000円～	1,500円～
機器	HPLC	蛍光光度計	マイクロプレートリーダー	溶存酸素計

* サンプル調製などを含む所要時間．

§7．ヒスタミンの規制

アレルギー様食中毒は，わが国ではヒスタミンを100 mg / 100 g以上含む食品を摂取した場合（実際には摂取量にもよる）に起こるといわれているが，法的な規制値は定められていない．米国，EUおよびコーデックス（FAO/WHO合同食品規格計画）ではヒスタミンに対して表5·5のような規制値を設けている．これらの規制は輸入品に対しても同等に求められるので，わが国からの輸出品もこの規制の対象となる．

§8．ヒスタミンの制御

漁場から消費者までの各段階において，海産魚のヒスタミン生成を制御するためには，次の3つの段階での管理が重要である[41]．① 漁獲直後に魚を速やかに冷却すること，② 加工場での受け入れ時に魚肉中のヒスタミン量が一定値以下であることを確認すること，③ 加工・調理などの段階でヒスタミンを生成させないこと．

このうち①の漁獲後の取り扱いについて，FDA の HACCP ガイドでは，海水温度，魚種，サイズ，船上での死後経過時間と貯蔵時の温度により，図 5·7 のような基準で優良原料と問題原料を区別している．

表5·5 米国，EU およびコーデックスの水産食品に対するヒスタミン規制

国名など	対象品目	規制状況
米国	マグロ，マヒマヒ，その他ヒスタミン様毒素生成魚	〈FDA・HACCP ガイド〉 ヒスタミン：500 ppm を toxicity level（毒性レベル），50 ppm を defect action level（注意喚起レベル）とする． ヒスタミンは通常鮮度低下した魚体内に均一に分布しているのではなく，もし一部にでも 50 ppm 以上のサンプルが見出された場合には，その他の部分で 500 ppm を超えるものがある可能性がある．
EU	サバ科およびニシン科 ただし，これらの科に属する魚であって，塩水中で酵素的に発酵させたものは，高濃度のヒスタミンを含有することがあり得ることに鑑み，右記の値の 2 倍を超えないこと	〈EC 指令 91/493/EEC〉 各バッチより 9 サンプルを抜きとり，次の基準に適合すること． - 平均値が 100 ppm を超えないこと． - 内，2 サンプルは 100 ppm 以上～200 ppm 以下でもかまわない． - 200 ppm を超えるものがないこと． 分析は，高速液体クロマトグラフィー（HPLC）などの，信頼性があり，科学的に承認された方法に基づき実施すること．
コーデックス	魚類・水産製品のうち，ヒスタミンを生成するものについて	〈魚類水産製品取扱い規範案〉 品質（鮮度）低下の指標として 100 ppm 以下，安全性指標として 200 ppm 以下

（大日本水産会資料）

また②の加工場での受け入れ時の安全性を確認する方法としては，漁獲後の経過時間・温度の管理記録を入手し，それが基準（図 5·7）にあっていることを確認することで可能である．もしそれが不可能な場合には，ロット毎に決められたサンプリング方法（FDA ガイドでは，10 kg 未満の魚の場合，1 トンにつき 2 尾）によってヒスタミン含量を測定する方法も可能である．

ヒスタミンは通常の加熱調理によっては分解されないので，③の加工・調理などの段階でのヒスタミン管理の基本は，温度時間管理によって，ヒスタミン生成菌の増殖を抑制することである．

なおこの図で，ハイグレードな品質とはロットのヒスタミン量が5 mg / 100 g（注意喚起レベル）以下，ローグレードな品質とはヒスタミン量が 50 mg / 100

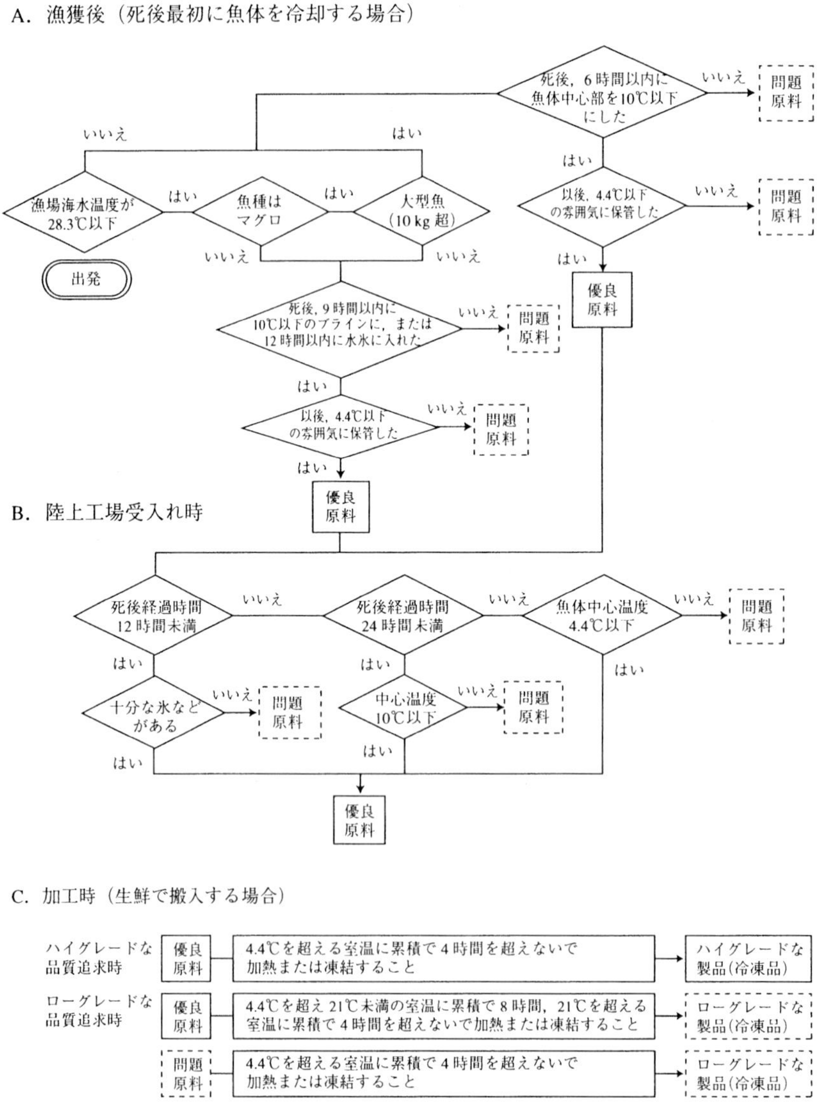

図 5･7　ヒスタミンに対する温度時間管理方法の例

g（限界レベル）以下であることを示している．また優良原料とはハイグレードな製品を製造することが可能な原料のことで，問題原料とはハイグレードな製品は無理であるが，食中毒の発生しない最低限の品質のものは製造できることを意味している．これらの具体的な数値はわが国の状況（魚種や流通形態，発症例など）を考慮して決める必要があろうが，ここではヒスタミン管理方法の例としてあげておきたい．

文献

1）山中英明・藤井建夫・塩見一雄：食品衛生学，恒星社厚生閣，1999，pp.38-42，pp.105-107.

2）田中信正：月刊 *HACCP*, 4（7），78-89（1998）.

3）坂口守彦：魚介類のエキス成分とその代謝，水産生物化学（山口勝己編），東京大学出版会，1991，pp.80-101.

4）S. S. Sumner, M. Speckhard, E. B. Somers, S. L. Taylor : *Appl. Environ. Microbiol.* 50, 1094-1096（1985）.

5）S. L. Taylor, T. J. Keefe, E. S. Windham, J. F. Howell : *J. Food Prot.*, 45, 455-457（1982）.

6）M. C. Vidal-Carou, R. Codony-Salcedo, A. Marine'-Font: *Food Chem.*, 35, 217-227（1990）.

7）M. Kimata, A. Kawai : *Mem. Res. Inst. Food Sci. Kyoto Univ.*, No.6, 1-2（1953）.

8）相磯和嘉・柳沢文徳：医事新報，1625, 31-35（1955）.

9）B. S. Pan, D. James（ed.）: *FAO Fish. Tech. Paper*, No.252, p.62（1985）.

10）飯田宏美・海瀬好和・相磯和嘉：日本衛生学雑誌，13，354-358（1958）.

11）奥積昌世：日本低温保蔵学会誌，19，30-40（1993）.

12）M. Okuzumi, S. Okuda, M. Awano : *Nippon Suisan Gakkaishi*, 47, 1597-1598（1981）.

13）T. Fujii, A. Hiraishi, T. Kobayashi, R. Yoguchi, M. Okuzumi : *Fisheries Sci.*, 63, 807-810（1997）.

14）M. Okuzumi, A. Hiraishi, T. Kobayashi, T. Fujii : *Int. J. Syst. Bacteriol.*, 44, 631-636（1994）.

15）B. Kimura, S. Hokimoto, H. Takahashi, T. Fujii : *Int. J. Syst. Evol. Microbiol.*, 50, 1339-1342（2000）.

16）M. M. Hernández-Herrero, A. X. Roig-Sagués, J. J. Rodríguez, -Jerez, M. T. Mora-Ventura : *J. Food Prot.*, 62, 509-514（1999）.

17）M. Satomi, B. Kimura, M. Mizoi, T. Sato, T. Fujii : *Int. J. Syst. Bacteriol.*, 47, 832-836（1997）.

18）八並一寿・越後多嘉志：日水誌，57，1723-1728（1991）.

19）T. Kobayashi, B. Kimura, T. Fujii : *Int. J. Food Microbiol.*,

20）A. Lonvaud-Funel, A. Joyeux : *J. Appl. Bacteriol.*, 77, 401-407（1994）.

21）N. R. Krieg, J. G. Holt : Bergey's Manual of Systematic Bacteriology, Vol.1, Williams & Wilkins, 1984, pp.497-502, pp.539-545

22）与口りお・奥積昌世・藤井建夫：日水誌，56，1467-1472（1990）.

23）与口りお・奥積昌世・藤井建夫：日水誌，56，1473-1479（1990）.

24）M. Okuzumi, S. Okuda, M. Awano : *Nippon Suisan Gakkaishi*, 48, 799-804（1982）.

25）T. Fujii, K. Kurihara, M. Okuzumi : *J. Food Prot.*, 57, 611-613（1994）.

26）H. Yamanaka, K. Shiomi, T. Kikuchi, M. Okuzumi : *Nippon Suisan Gakkaishi*, 48, 685-689（1982）.

27）E. I. López-Sabater, J. J. Rodríguez-Jerez, M. Hernández-Herrero, A. X. Roig-Sagues, M. T. Mora-Ventura : *J. Food Prot.*, 59, 167-174（1996）.

28）R. R. Eitenmiller, J. W. Wallis, J. H. Orr, R. D. Phillips : *J. Food Prot.*, 44, 815-820（1981）.

29）栗原欣也・我妻康弘・藤井建夫・奥積昌世：日水誌，59，1745-1748（1993）.

30）山中英明・塩見一雄・菊池武昭・奥積昌世：日水誌，50，695-701（1984）.

31）T. Sato, T. Fujii, T. Masuda, M. Okuzumi : *Fisheries Sci.*, 60, 299-302（1994）.

32）V. Møller : *Acta Pathol. Microbiol. Scand.*, 36, 158-172（1955）.

33）C. F. Niven : M. B. Jefferey, D. A. Corlett : *Appl. Environ. Microbiol.*, 41, 321-322（1981）.

34）M. I. Yamani, F. Unterman : *Int. J. Food Microbiol.*, 2, 273-278（1985）.

35）河端俊治・内田　大・赤野多恵子：日水誌，26，1183-1191（1960）.

36）斉藤貢一，望月恵美子：月刊フードケミカル，13（7），115-122（1994）.

37）AOAC : AOAC Official Method 977.13, AOAC Official Method of Analysis（1995）.

38）M. Ohashi, F. Nomura, M. Suzuki, M. Otsuka, O. Adachi, N. Arakawa : *J. Food Sci.*, 58, 519-522（1994）.

39）野村典子・大橋　実・大塚　恵・足立収成，荒川信彦：食衛誌，37，109-113（1996）.

40）木山真一：食品と開発，35（2），12-14（2000）.

41）大日本水産会：HACCP 方式導入マニュアル（冷凍サバ・フィレー，第 2 版），大日本水産会，1999，72pp.

6. 自　然　毒

塩　見　一　雄*

水産物を対象とするHACCPにおける危害因子としては，微生物学的因子に加えて，重金属，内分泌攪乱化学物質（いわゆる環境ホルモン），自然毒などの化学的因子も大きくクローズアップされる．中でも自然毒は，古くからしばしば急性の食中毒を引き起こし，しかも致命的なことが多いという点で，化学的危害因子の代表であるといってよい．本章では，危害分析（HA）により魚介類の自然毒がリストアップされた場合の重要管理点（CCP）は何かをまず整理し，次いでHACCPで問題となる魚介類の自然毒の種類，およびHACCPにおける監視体制の整備にとって必須である自然毒の分析方法を紹介する．

§1．魚介類の自然毒に対する重要管理点

有毒またはその可能性があるフグ類，シガテラ魚，二枚貝などが漁獲されたり養殖場で水揚げされた場合，魚市場に入荷された場合，あるいは加工場に配送された場合，いずれの現場においてもHAにより自然毒がリストアップされる．自然毒は輸送，貯蔵，加工の過程で増加するとか新たに生成されることはないので，CCPは漁獲場所（船上および養殖場）や魚市場から原料が出荷されるまでの段階で，加工場においては加工前の原料処理の段階で設定されることになる．

CCPとしてはまず原料の種の鑑定があげられる．種の鑑定が難しい場合（例えばすべての部位が有毒なドクサバフグと無毒のサバフグの鑑定やシガテラ魚の鑑定）や種は容易に鑑定できても有毒か無毒かはっきりしない場合（例えば二枚貝）は，毒性が重要なCCPとなり，毒性試験や毒成分分析が必要となる．鑑定や毒性試験により有毒とわかると廃棄処分または特定の有毒部位の除去処理（多くのフグ類やホタテガイのような大型二枚貝が該当する）に回されるが，後者の場合は解体処理法もCCPになる．解体作業においては有毒部位の一部

* 東京水産大学食品生産学科

が残ったり，有毒部位の一部が無毒部位に付着したりすることのないように細心の注意を払わなければならないし，また解体から次の工程に入る前に適切に解体されたかを監視しなければならない．生鮮原料でなく冷凍原料の場合には，解体処理前の解凍方法も CCP である．冷凍フグで証明されているように，凍結方法にかかわらず緩慢解凍を行うと，ドリップとともに毒成分が筋肉のような無毒部位に移行して有毒となる危険性がある[1]．特殊なケースとして，二枚貝の養殖現場では有毒プランクトンの発生状況も CCP となる．

§2. HACCP で問題となる魚介類の自然毒の種類

HACCP で問題となる過去に食中毒を引き起こした自然毒については，いくつかの成書[2~5]などでさまざまな観点から詳しく述べられているので，ここでは食中毒と関連したことに限って簡単に整理しておく．

2·1 フグ毒

フグ中毒例は非常に多く，魚介毒による食中毒の発生件数の 80%以上，死者数の 95%以上に達し，さらに全食中毒死者の約 60%を占めている．最近の中毒発生件数は年間 30 件前後，患者数は 40～50 人，死者数は数人である．食後 20 分から 3 時間で発症し，唇，舌先のしびれにはじまり，嘔吐，知覚麻痺，言語障害，血圧降下，呼吸困難などの後に死に至る．致死時間は 4～6 時間と早い．主要な毒成分は Na^+チャンネルブロッカーのテトロドトキシン（TTX）で，4-エピ TTX, 4, 9-アンヒドロ TTX などの関連毒もしばしば検出される．TTX のヒトに対する致死量は約 10,000 MU（1 MU は体重 20 g の ddY 系雄マウスを 30 分で死亡させる毒量で，TTX 0.2 μg に相当する）で，10 MU / g 未満の毒性（1,000 g までなら食べても死亡しない毒性）であれば無毒とされている．

2·2 シガテラ毒

熱帯から亜熱帯海域，とくにサンゴ礁海域に生息する魚の摂食による死亡率の低い中毒をシガテラと呼んでいる．患者数は毎年 2 万人を越えると推定され，自然毒中毒としては世界最大規模である．わが国では南西諸島が中毒海域である．中毒症状は食後 30 分から数時間で現れ，温度感覚異常（ドライアイスセンセーション），筋肉痛，関節痛などの神経系障害，下痢，嘔吐などの消化器系障害，血圧低下などの循環器系障害がみられる．原因毒は渦鞭毛藻

Gambierdiscus toxicus に由来するシガトキシン類（CTXs）で，主成分はCTX1B（図6·1）である[6]．ヒトに対する中毒量は10 MU（1 MU はCTX1Bの7 ng に相当する）と推定されている．

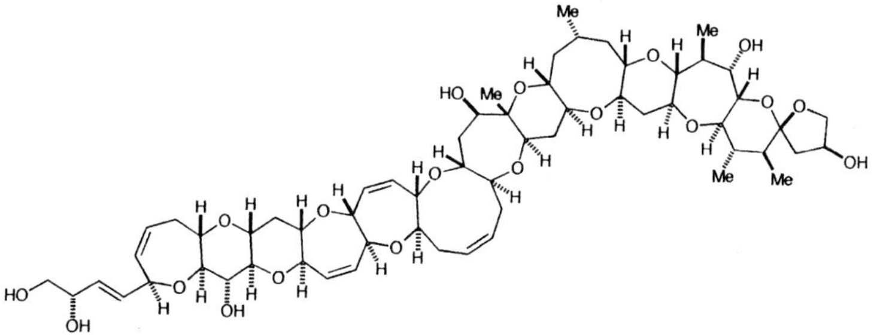

図6·1　シガトキシン1B の構造

2·3　魚卵毒

卵巣を食べると嘔吐，腹痛，下痢などの胃腸障害を引き起こす魚としてチョウザメ類，コイ類，クロダイ，カジカ類などがあり，わが国ではナガズカが有名である．ナガズカは北海道を主産地とする魚で，ねり製品原料として本州に出荷された1960 年ごろに一時的に中毒が続発した．毒成分は特殊なリゾ型リン脂質のジノグネリン（図6·2）である[7]．

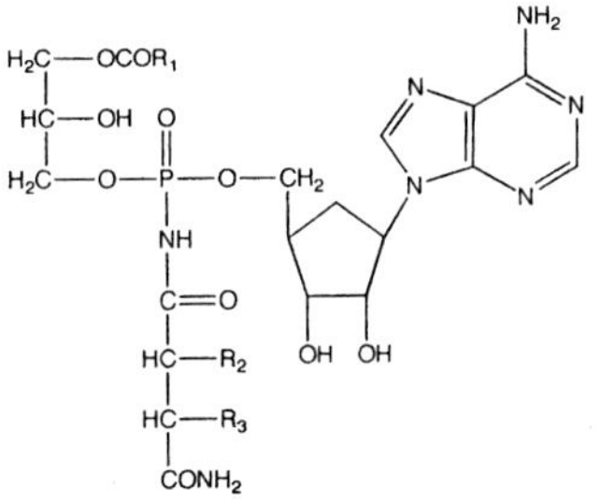

R_1：アシル基
R_2, R_3：一方が NH_2, 他方が H
（未同定）

図6·2　ジノグネリンの構造

2·4　コイの毒

コイの筋肉摂食による中毒は，1976 年5 月～1978 年10 月にかけて九州で17 件（患者数108 人）が記録されている．中毒症状は嘔吐，めまい，歩行困難，言語障害，けいれん，麻痺などで，原因物質は不明である．一方，中国をはじめとした東南アジアでは，ソウギョの胆のうの生または乾燥品を食べて腎不全や肝不全を伴った中毒が発生し死者も出ている．わが国でもコイ胆のうによる同様な中毒が2，3 件知られている．中毒原因物質はコイの胆汁中に含まれる5 *α*-キプリノールの硫酸エステル（図6·3）である[8]．

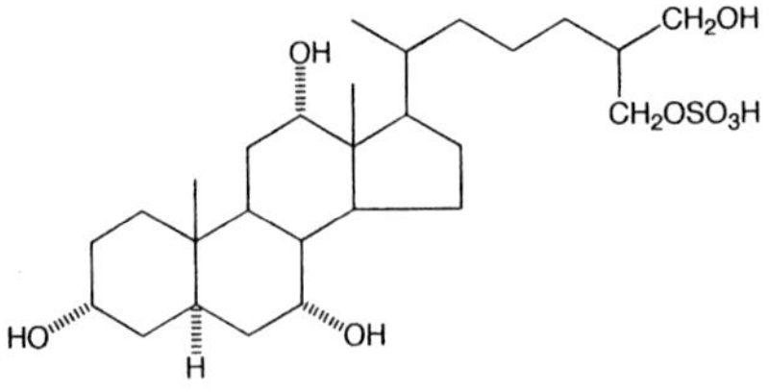

図 6･3　コイの毒（5 α-キプリノール硫酸エステル）の構造

2･5　クルペオトキシン

熱帯海域に生息するニシン類およびイワシ類を食べると中毒することがあり，ニシン類の科名（Clupeidae）にちなんで中毒はクルペオトキシズム，原因毒はクルペオトキシンと呼ばれている．サンゴ礁海域で有名なシガテラと比べると中毒はまれであるが，死亡率が高いことが特徴である（Halstead [9] が集めた記録では死亡率は約42％にも達している）．食べた直後に不快な金属味を感じるのが特徴で，吐き気，嘔吐，腹痛，下痢，悪寒，筋肉痛，血圧低下が続き，顔面蒼白となり，虚脱死する．クルペオトキシンの本体はパリトキシン（図 6･4）またはその類縁体であることが究明されている [10]．

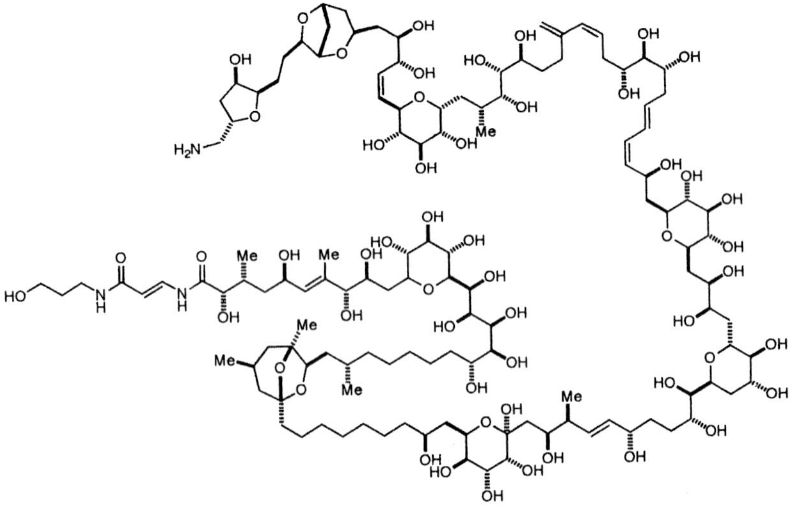

図 6･4　パリトキシンの構造

2･6　アオブダイの毒

ブダイ科のアオブダイの肝臓摂食による中毒事件は，西日本各地でこれまでに少なくとも 17 件が知られている．患者総数は 75 人で死者 6 人を出している．

食後数時間から 10 数時間で発症し，主な症状は手足のしびれ，筋肉痛，呼吸困難などである．ミオグロビン尿症がみられることもある．毒成分はパリトキシンと示唆されている[11]．

2･7　麻痺性貝毒（Paralytic Shellfish Poison，PSP）

PSP は渦鞭毛藻（わが国では *Alexandrium catenella*，*A. tamarense* および *Gymnodinium catenatum* の 3 種が問題となる）が生産する毒である．アサリ，ホタテガイ，ムラサキイガイ，マガキなどの二枚貝が餌である渦鞭毛藻から PSP を取り込み，主に中腸腺に蓄積して中毒を引き起こす．二枚貝のほかに，マボヤやオウギガニ科カニ類（ウモレオウギガニ，スベスベマンジュウガニ，ツブヒラアシオウギガニなど）も中毒原因となる．中毒症状はフグ中毒の場合とほぼ同じで，わが国ではこれまでに死者 2 人を含む 10 件の中毒事件が知られている．PSP 成分は TTX 同様に Na^+チャンネルブロッカーで，サキシトキシン（STX）群，ゴニオトキシン群など 30 成分近くの存在が確認されている．STX のヒトに対する中毒量は 0.5 mg（約 3,000 MU に相当する．PSP の 1 MU は体重 20 g のマウスを 15 分で死亡させる毒量と定義されている）と推定されている．監視体制が整備され，毒化貝類の出荷規制（規制値は 4 MU / g）が行われている．

2･8　下痢性貝毒（Diarrhetic Shellfish Poison，DSP）

DSP 中毒事件は，1976 年に宮城県と岩手県で発生して以来，わが国のみならずヨーロッパ，南米などでもムラサキイガイなどの各種二枚貝により発生している．主な中毒症状は胃腸障害（下痢，吐き気，嘔吐，腹痛）で，食後 15 分か

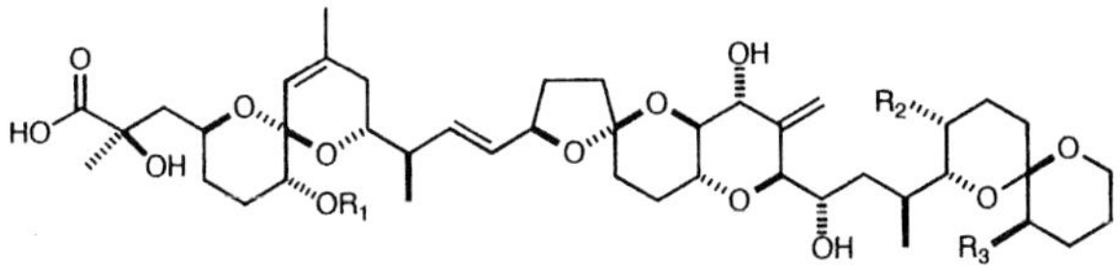

オカダ酸：R_1=H, R_2=Me, R_3=H
ジノフィシストキシン1：R_1=H, R_2=H, R_3=Me
2：R_1=H, R_2=H, R_3=Me
3：R_1=acyl, R_2=H または Me, R_3=H または Me

図6･5　オカダ酸群の構造

ら4時間以内に発症し，症状は比較的軽く通常3日以内に回復する．中毒の主要な原因毒はオカダ酸（OA）とその同族体であるジノフィシストキシン類を含めたOA群（図6·5）[12]で，そのほかにペクテノトキシン群[13]およびイェソトキシン群[14]も得られている．いずれの毒も *Dinophysis fortii*, *Prorocentrum lima* などの渦鞭毛藻が生産する．ヒトの最小発症量は4 MU（DSPの1 MUは体重16～20 gのマウスを24時間で死亡させる毒量と定義されている．OAの1 MUは4 μg に相当する）と推定されている．PSP同様に監視体制が整備され，毒化貝類の出荷規制（規制値は0.05 MU / g）が行われている．

2·9　記憶喪失性貝毒（Amnesic Shellfish Poison, ASP）

1987年にカナダ大西洋岸のプリンスエドワード島周辺で，養殖ムラサキイガイの摂食によりASP中毒が発生している．患者数は100人を越え，食後数時間以内に吐き気，腹痛，下痢，頭痛，食欲減退がみられた．重症の4人は記憶喪失，混乱，平衡感覚の喪失，けいれんの後に昏睡により死亡し，生存者のうち12人には記憶喪失の後遺症が記録されている．毒成分の本体はアミノ酸の一種ドウモイ酸（図6·6）で[15]，起源は *Pseudo-nitzschia* 属の珪藻（*P. multiseries*, *P. australis* など）である．アメリカおよびカナダではドウモイ酸の出荷規制値として20 ppmが設定されている．

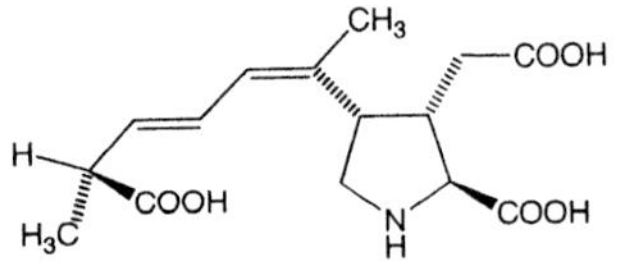

図6·6　ドウモイ酸の構造

2·10　神経性貝毒（Neurotoxic Shellfish Poison, NSP）

1993年にニュージーランドで，患者186人という大規模なNSP中毒が発生している．主な中毒症状は視覚異常，口唇および手足のしびれ，関節痛などである．毒成分は渦鞭毛藻 *Gymnodinium breve* に由来するブレーベトキシン類（図6·7）である[16, 17]．

2·11　アザスピロ酸

1995年にオランダで，1997年にアイルランドで，いずれもムラサキイガイ摂食により吐き気，嘔吐，下痢，腹痛などの消化器系障害を伴った中毒が発生した．中毒症状はDSP中毒の場合と類似していたがDSP成分は検出されず，中毒原因物質としてアザスピロ酸類（図6·8）が単離されている[18, 19]．毒の起

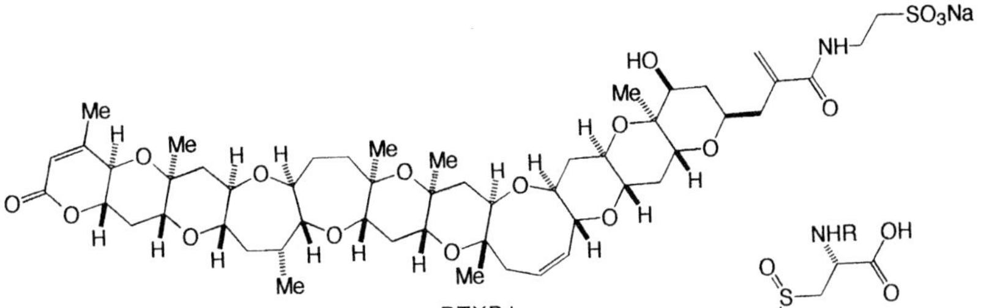

BTXB1

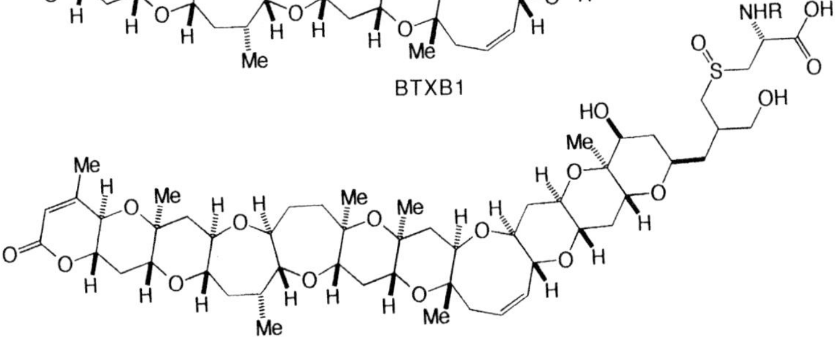

BTXB2：R=H
BTXB4：R=$CH_3(CH_2)_{12}CO$, $CH_3(CH_2)_{14}CO$

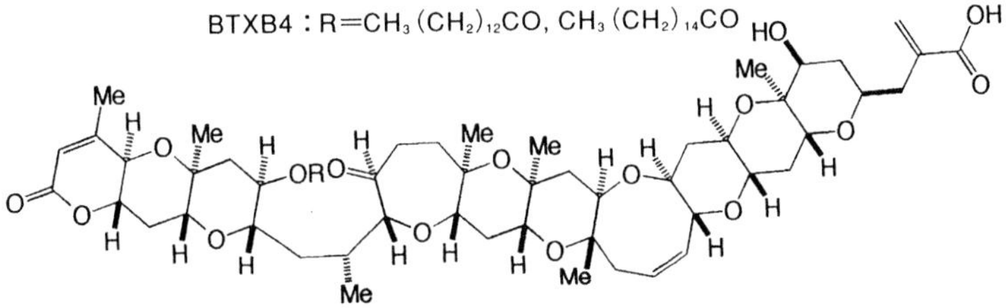

BTXB3：R=$CH_3(CH_2)_{12}CO$, $CH_3(CH_2)_{14}CO$

図6·7　ブレーベトキシン類（BTX）の構造

源は不明である．

2·12　巻貝の唾液腺毒

エゾバイ科のヒメエゾボラ，エゾボラモドキ，ヒメエゾボラモドキやフジツガイ科のアヤボラなどの肉食性巻貝は，唾液腺にテトラミン（$(CH_3)_4N^+$）を高濃度に含み（テトラミン含量は一般には数 mg / g で，10 mg / g 以上の場合もある），しばしば中毒を引き起こしている．テトラミン中毒は食後 30 分から 1 時間で発症し，頭痛，めまい，船酔い感，足のふらつき，眼底の痛み，眼のちらつき，嘔吐感などがみられる．通常 2～3 時間で回復し，死亡することはない．

2·13　バイの毒

中腸腺のみが有毒である．1980 年に福井県坂尻産のバイで発生した中毒の原因毒はフグ毒 TTX であることが証明されており[20, 21]，1957 年に新潟県寺泊

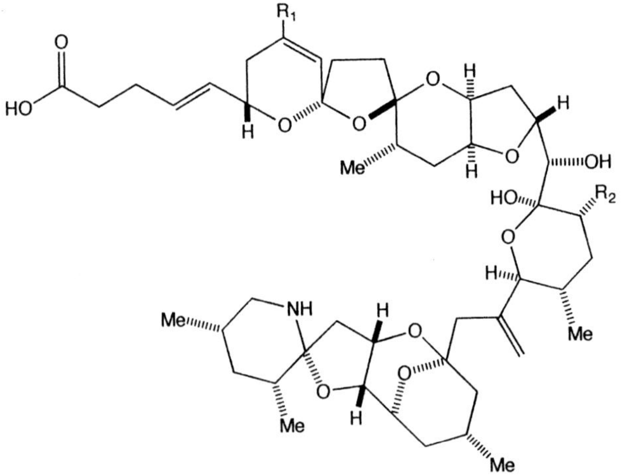

アザスピロ酸　：R_1＝H, R_2＝Me
アザスピロ酸-2：R_1＝Me, R_2＝Me
アザスピロ酸-3：R_1＝H, R_2＝H

図6･8　アザスピロ酸類の構造

産のバイで発生した中毒も TTX によるものと考えられている．一方，1965 年に静岡県沼津産のバイにより発生した 14 件（患者 26 人）の中毒では，視力減退，瞳孔散大という特徴的な症状のほかに，言語障害，唇のしびれ，便秘などが認められた．中毒原因物質はネオスルガトキシン[22]とプロスルガトキシン[23]である（図6･9）．

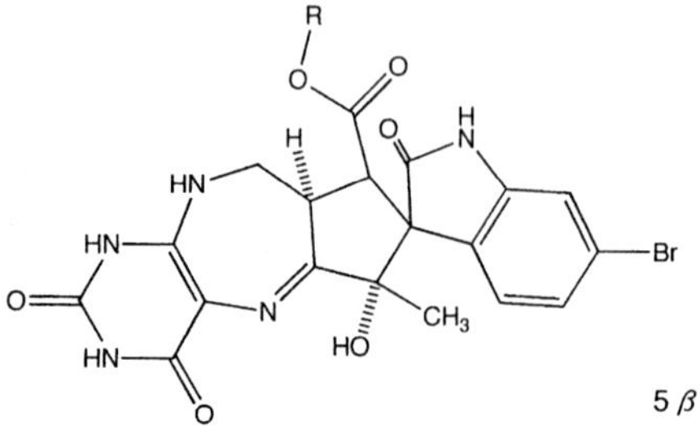

5β1

ネオスルガトキシン：R＝6'-（ミオイノシトール…キシロピラノース）
プロスルガトキシン：R＝6'-ミオイノシトール

図6･9　ネオスルガトキシンおよびプロスルガトキシンの構造

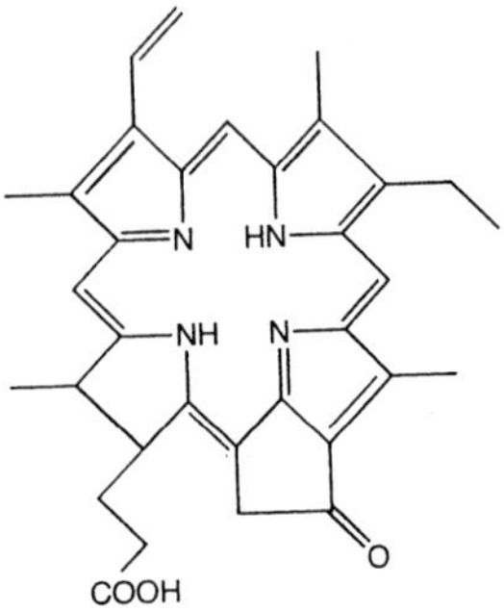

図6･10　ピロフェオホルバイドa の構造

2・14　アワビの毒

春先のアワビ類の中腸腺を食べると光過敏症を呈することがある．食後 1〜2 日で顔面や四肢に発赤，はれ，疼痛がみられ，やけど様の水泡が現れ化膿することもある．原因毒はピロフェオホルバイド a（図 6・10）である．

2・15　オゴノリ類の毒

紅藻オゴノリ類による食中毒事件は国内で 3 件，国外ではグアム，サンフランシスコ，ハワイで各 1 件の合計 6 件が報告されている．患者総数は 32 人と多くはないが，死者 6 人というように致命率の高いことが特徴である．主な症状は下痢，嘔吐，血圧低下で，グアムの中毒では全身けいれん，ハワイの中毒ではバーニングセンセーション（口やのどの灼けるような感覚）もみられた．

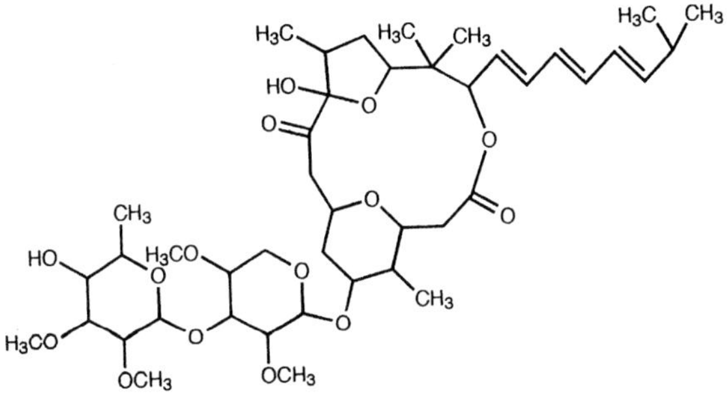

図 6・11　ポリカバノシド A の構造

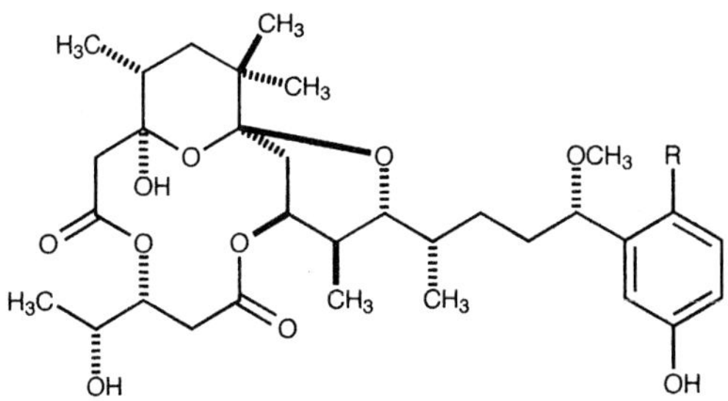

アプリシアトキシン：R＝Br
デブロモアプリシアトキシン：R＝H

図 6・12　アプリシアトキシン類の構造

国内3件とサンフランシスコの中毒ではプロスタグランジン類（とくにE_2）[24]，グアムの中毒ではポリカバノシド類（主成分はポリカバノシドA，図6·11）[25]，ハワイの中毒ではアプリシアトキシン類（図6·12）[26] が原因毒である．わが国では，オゴノリ類はアルカリ処理を施して刺し身のつまとして流通しているが，こうしたオゴノリ類による中毒はない．

§3. HACCPで問題となる魚介類の自然毒の分析法

HACCPにおける分析対象としてとくに重要な魚介類の自然毒は，フグ毒，シガテラ毒，PSP，DSPおよびASPである．これら5種自然毒に対してはいくつかの分析法が開発されているが，日常的なモニタリングのためにできるだけ簡便な方法という観点からマウス試験，HPLC，イムノアッセイ（ELISA）およびマウス神経芽細胞を用いる細胞毒性試験を取り上げ，その適用の可否を表6·1にまとめた．マウス試験法は毒性を直接確認できるという利点のため世界的に広く用いられており，わが国でもASP以外の毒成分に対してはマウス試験法が公定法となっている[27]．しかしながらマウス試験法は，実験誤差が大きいこと（マウスの個体差ばかりでなく試験液中の夾雑物質による影響も大きい），検出感度が低いこと（とくにヒトの中毒量がわずか10 MUのシガテラ毒および4 MUのDSPの場合，多量の試料を用いてかろうじて安全性評価ができるレベルである），特異性に欠けること（例えばフグ毒とPSPの識別はできない）といった難点に加え，動物愛護という倫理面でも大きな問題を抱えている．将来的には安全性の最終チェックという目的に限って利用されることになると思われる．

表6·1　魚介類の自然毒に対する各種分析法の適用の可否

毒性分	マウス試験	HPLC	ELISA	細胞毒性試験
フグ毒	○	○	△	○
シガテラ毒	○	△	△	△
PSP	○	○	△	○
DSP	○	△	○	×
ASP	○	○	△	×

○：確立された方法
△：適用可能であるが問題点もある方法
×：適用不可能な方法

感度や特異性の点でマウス試験法の欠点を補う方法として，まず第一にHPLC 法があげられる．フグ毒と PSP については，イオンペアーの原理に基づいて分離し，蛍光誘導体に変換して分析するポストカラム法[28, 29]が，ASP については逆相で分離して UV 検出する方法[30~32]がすでに確立され，広く用いられている．シガテラ毒と DSP の HPLC 分析では，クリーンアップ操作が煩雑であるとか特定の成分しか分析できないといった欠点があり，今後の改良が望まれる．HPLC 法以外に，特異性の点で問題はあるが，感度もよく多数の検体を短時間で同時分析できる方法として，ELISA 法と細胞毒性試験法が有望である．DSP の ELISA 分析はすでに実用化レベルにあり，Usagawa ら[33]の方法に準じたDSP-Check（パナファーム社），Shestowsky ら[34]の方法に準じた Okadaic Acid ELISA Kit（Rougier Bio-Tech 社），松浦ら[35]の方法に準じた OA-Check（ヤトロン社）といった市販の ELISA キットを利用できる．一方，フグ毒と PSP に対する分析法として Kogure ら[36]により最初に開発された細胞毒性試験法は，その後の改良法に基づいて MIST kit（Jellett Biotek 社）として市販されている．本法は，ベラトリジン（Na^+チャンネル活性化剤）によるマウス神経芽細胞の死亡を Na^+チャンネルブロッカーであるフグ毒と PSP が抑制する効果を利用したもので，検出感度はマウス試験法の約 10,000 倍ときわめて高い．なお，ベラトリジンの作用を促進するシガテラ毒（CTXs）の分析への応用も期待されている[37]．

§4. おわりに

魚介類の自然毒に対しては輸送，貯蔵，加工の過程ではとくに CCP を設定する必要はないので，微生物学的危害因子と比べると HACCP における監視は単純である．種の鑑定と毒性分析（または毒成分分析）を確実に行い，適切な解体処理法と解凍法を選択することが重要である．さらに，有毒魚介類の図鑑作成，自然毒分析法のマニュアル化，自然毒に関する知識（中毒種，中毒例，中毒症状，中毒原因物質など）のカード化なども，魚介類の自然毒を対象とした HACCP システムの確立に向けては有益であり，整備しておくことが望まれる．

文　献

1）塩見一雄・柴田　哲・山中英明・菊池武昭：日水誌，51，619-625（1985）.

2）橋本芳郎：魚貝類の毒，学会出版センター，1977.

3）白井祥平：有毒有害海中動物図鑑，マリン企画，1984.

4）野口玉雄：フグはなぜ毒をもつのか，日本放送出版協会，1996.

5）塩見一雄・長島裕二：海洋動物の毒－フグからイソギンチャクまで－，成山堂書店，1997.

6）M. Murata, A. M. Legrand, Y. Ishibashi, M. Fukui and T. Yasumoto : *J. Am. Chem. Soc.*, 112, 4380-4386（1990）.

7）M. Hatano, K. Marumoto and Y. Hashimoto : Structure of a toxic phospholipid in the northern blenny roe, *in* "Animal, Plant, and Microbial Toxins"（ed. by A. Ohsaka ら），Vol 2, Plenum Press, 1976, pp.145-151.

8）M. Asakawa, T. Noguchi, H. Seto, K. Furihata, K. Fujikura and K. Hashimoto : *Toxicon*, 28, 1063-1069 （1990）.

9）B. W. Halstead : Poisonous and Venomous Marine Animals, Vol 2, US Government Printing Office, 1967, pp.605-625.

10）Y. Onuma, M. Satake, T. Ukenam J. Roux, S. Chanteau, N. Rasolofonirina, M. Rastimaloto, H. Naoki and T. Yasumoto : *Toxicon*, 37, 55-65（1999）.

11）T. Noguchi, D. F. Hwang, O. Arakawa, K. Daigo, S. Sato, H. Ozaki, N. Kawai, M. Ito and K. Hashimoto : Palytoxin as the causative agent in the parrotfish poisoning, *in* "Progress in Venom and Toxin Research"（ed. by P. Gopalakrishnakone and C. K. Tan）, National Univ Singapore, 1987, pp.325-335.

12）T. Yasumoto, M. Murata, Y. Oshima, M. Sano, G. K. Matsumoto and J. Clardy : *Tetrahedron*, 41, 1019-1025（1985）.

13）M. Murata, M. Sano, T. Iwashita, H. Naoki and T. Yasumoto : *Agric. Biol. Chem.*, 50, 2693-2695（1986）.

14）M. Daiguji, M. Satake, H. Ramstad, T. Aune, H. Naoki and T. Yasumoto : *Nat. Toxins*, 6, 235-239（1998）.

15）J. L. C. Wright, R. K. Boyd, A. S. W. Freitas, M. Falk, R. A. Foxall, W. D. Jamieson, M. V. Laycock, A. W. McCulloh, A. G. McInnes, P. Odense, V. P. Pathak, M. A. Quilliam, M. A. Ragan and P. G. Sim : *Can. J. Chem.*, 67, 481-490（1989）.

16）K. Murata, M. Satake, H. Naoki, H. F. Kaspar and T. Yasumoto : *Tetrahedron*, 54, 735-742（1998）.

17）A. Morohashi, M. Satake, H. Naoki, H. F. Kaspar, Y. Oshima and T. Yasumoto : *Nat. Toxins*, 7, 45-48（1999）.

18）M. Satake, K. Ofuji, H. Naoki, K. J. James, A. Furey, T. McMahon, J. Silke and T. Yasumoto : *J. Am. Chem. Soc.*, 120, 9967-9968（1998）.

19）K. Ofuji, M. Satake, T. McMahon, J. Silke, K. J. James, H. Naoki, Y. Oshima and T. Yasumoto : *Nat. Toxins*, 7, 99-102（1999）.

20）T. Noguchi, J. Maruyama, Y. Ueda, K. Hashimoto and T. Harada : *Nippon Suisan Gakkaishi*, 47, 909-913 （1981）.

21）T. Yasumoto, Y. Oshima, M. Hosaka and S. Miyakoshi : *ibid.*, 47, 929-934（1981）.

22）T. Kosuge, K. Tsuji and K. Hirai : *Chem. Pharm. Bull.*, 30, 3255-3259（1982）.

23）T. Kosuge, K. Tsuji, K. Hirai, T. Fukuyama, H. Nukaya and H. Ishida : *ibid.*, 33, 2890-2895（1985）.

24）T. Noguchi, T. Matsui, K. Miyazawa, M. Asakawa, N. Iijima, Y. Shida, M. Fuse, Y. Hosaka, C. Kirigaya, K. Watabe, S. Usui and A. Fukagawa : *Toxicon*, 32, 1533-1538 （1994）.

25) M. Yotsu-Yamashita, T. Seki, V. J. Paul, H. Naoki and T. Yasumoto : *Tetrahedron Lett.*, 36, 5563-5566 (1995).

26) H. Nagai, Y. Kan, T. Fujita, B. Sakamoto and Y. Hokama : *Biosci. Biotech. Biochem.*, 62, 1011-1013 (1998).

27) 安元　健：動物毒，食品衛生検査指針理化学編（厚生省生活衛生局監修），日本食品衛生協会，1981，pp.296-313.

28) Y. Nagashima, J. Maruyama, T. Noguchi and K. Hashimoto : *Nippon Suisan Gakkaishi*, 53, 819-823 (1987).

29) M. Yotsu, A. Endo and T. Yasumoto : *Agric. Biol. Chem.*, 53, 893-895 (1989).

30) J. F. Lawrence, C. Cleroux and J. F. Truelove : *J. Chromatogr.*, 662, 173-177 (1994).

31) C. L. Hatfield, J. C. Wekell, E. J. Gauglitz, Jr. and H. J. Barnett : *Nat. Toxins*, 2, 206-211 (1994).

32) M. A. Quilliam, M. Xie and W. R. Hardstaff : *J. AOAC Int.*, 78, 543-554 (1995).

33) T. Usagawa, M. Nishimura, Y. Itoh, T. Uda and T. Yasumoto : *Toxicon*, 27, 1323-1330 (1989).

34) W. S. Shestowsky, M. A. Quilliam and H. M. Sikorska : *ibid.*, 30, 1441-1448 (1992).

35) 松浦司郎・浜野米一・喜多　寛・高垣　裕：衛生化学，40，365-373 (1994).

36) K. Kogure, M. Tamplin, U. Simidu and R. R. Colwell : *Toxicon*, 26, 194-197 (1988).

37) R. L. Manger, L. S. Leja, S. Y. Lee, J. M. Hungerford, Y. Hokama, R. W. Dickey, H. R. Granade, R. Lewis, T. Yasumoto and M. M. Wekell : *J. AOAC Int.*, 78, 521-527 (1995).

Ⅲ. 水産食品のHACCPシステム

7. ねり製品

山澤正勝*

ねり製品は，日本における伝統的な水産加工品の一つであり，年間約75万トン（1998年）も生産されている．このねり製品は，水分が多く，栄養成分に富むことから腐敗しやすい食品であり，戦後の一時期は食中毒の代表的な原因食品とされていた．最近ではねり製品による食中毒は著しく少なくなっているが，常に食中毒の危険をはらんでおり，また，食品衛生法で製造基準や保存基準が決められていることから，厚生省によるHACCPシステムに基づいた総合衛生管理製造過程承認制度の対象食品に指定されている．

本章では，水産物のHACCPシステムの具体的な導入事例の一つとしてねり製品の場合を述べる．

§1. ねり製品の製造方法と残存微生物

ねり製品の代表的な製造工程とその特徴を図7·1に示した．ねり製品の原料は，現在はほとんどがスケトウダラ，イトヨリ，ミナミダラ，チリアジなどの冷凍すり身であり，一部地先の魚が使用されている．製造技術の基本は，魚肉に2～3%の食塩を加えて擂り潰して肉糊（塩擂り身）を調製し，これにでん粉や卵白などの副資材や各種調味料を加えてさらに擂潰し，種々の形に成形した後，加熱して製造する．成形方法（板付け，串刺し，型抜き，巻物など）や加熱方法（蒸煮，ばい焼，湯煮，油揚げなど）の相違によってかまぼこ，ちくわ，はんぺん，さつま揚げなど，多様な製品が製造されるが，基本的な製造技術はほぼ同一である．

一方，食品衛生面から製造工程をみると，加熱工程の前後，および包装方法によって残存微生物の様相が全く異なることが明らかにされている．

* 日本海区水産研究所

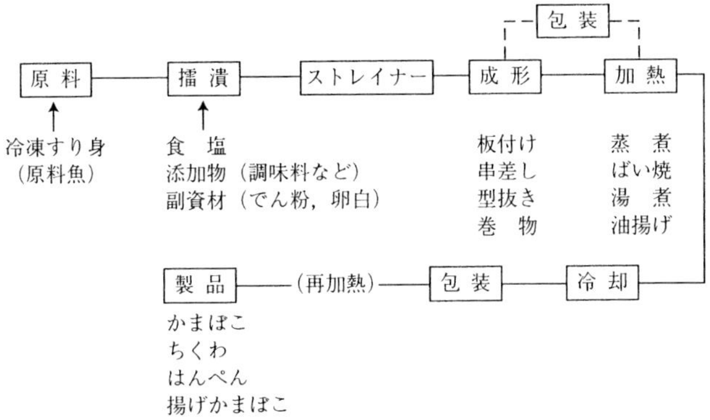

図7·1　水産ねり製品の製造方法とその特徴

一般にねり製品の原料である冷凍すり身には生菌数が 10^3～10^6 / g，大腸菌群数も 10^3 / g 以上も存在する．ねり製品の加熱温度と残存細菌数との関係をみると（表7·1），加熱前のすり身に 10^7個 / g あったものが，中心部を75℃以上に加熱すると，大腸菌，黄色ブドウ球菌やその他無芽胞菌は完全に殺菌され，*Bacillus* 属などの有芽胞桿菌のみが残存することになる[1]．

表7·1　加熱直後のすり身に残存する細菌の数とその種類

中心部の温度（C）	資　料　A		資　料　B	
	1 g 中の生菌数	細菌の種類	1 g 中の生菌数	細菌の種類
無加熱	1.7×10^7	球菌・無胞子桿菌	4.0×10^7	球菌・無胞子桿菌
65	7.2×10^4	球　菌	3.4×10^5	球　菌
70	1.8×10^4	球　菌	2.4×10^5	球　菌
75	1.3×10^4	有胞子桿菌	1.8×10^4	有胞子桿菌
80	2.2×10^3	有胞子桿菌	−	有胞子桿菌
85	6.0×10	有胞子桿菌	7.0×10	有胞子桿菌

また，ねり製品の包装方法と腐敗・変敗の様相は，加熱後に包装するか，包装後加熱するかによって次の2つに大きく分けられる．

1·1　加熱後に包装する製品

簡易包装のかまぼこ，ちくわ，はんぺん，揚げ物などの場合であり，加熱後二次的に微生物が付着し，繁殖する形のものである．表7·2にそれらの変敗の特徴と原因菌，汚染経路を示したが，腐敗・変敗の様相は，製品表面上のネトの生成や発カビが主体である[1]．また，ねり製品工場の落下菌の調査結果によ

表7·2　簡易包装かまぼこの変敗とその原因菌

名　称	変 敗 現 象	原 因 菌	汚染経路
典型的なネト	透明な水滴様のネトが表面に生ずる	*Leuconostoc mesenteroides*	二次汚染
赤いネト	表面に赤色の粘質物が発生し，全体を被うようになる	*Serratia marcescens*	二次汚染
その他のネト	表面に乳白色，黄色など種々さまざまの色の粘質物が発生する	*Streptococcus, Micrococcus, Flavobacterium, Achromobacter*	二次汚染
発　黴	カビが表面に発生し，全体を被うようになる	*Penicillium, Aspergillus, Mucor*	二次汚染
褐　変	表面の一部が褐色に変化し，表面全体さらに製品内部にまで褐変が進行し，やがて黒色に近い色になる	*Achromobacter brunificans, Serratia marcescens*	原材料から(殺菌不足)，二次汚染

表7·3　かまぼこ工場から単離された空中落下微生物

	リテナーかまぼこ施設		かにかまぼこ施設		焼きちくわ·焼きかまぼこ施設	
	擂潰室・成形室		擂潰室・成形室		擂潰室・成形・ばい焼・冷却・包装室	
	4 月	7 月	4 月	7 月	4 月	7 月
Bacillus	11	11	21	0	39	56
Coryneoforms	5	15	8	27	22	34
Lactobacillus	0	0	0	0	0	1
Sarcina	1	0	0	0	0	0
Staphylococcus	0	23	3	11	20	61
Micrococcus	22	7	5	7	44	24
Pseudomonas	0	3	2	13	15	11
Aeromonas	0	0	6	0	8	1
Vibrio	0	0	2	1	0	1
Enterobacteriaceae	0	2	4	1	0	4
Flavobacterium	0	1	0	0	11	1
Achromobacter	3	2	2	9	15	3
Unidentfied	28	6	17	1	26	3
合　計	70	70	70	70	200	200

表中の数字は，普通寒天平板培地（径 9 cm）を 15 分間開蓋後，37 (30) ℃，48 時間培養後のコロニーより釣菌し，genus レベルで分類した菌数を示している．

ると，黄色ブドウ球菌や大腸菌群の夏場における著しい増加が認められており，表 7·3 に示すように *Bacillus*, *Staphylococcus*, *Micrococcus* なども多数認められており[2]，二次汚染菌を原因とする食中毒の発生の可能性がある．

一方，原材料中の微生物が殺菌不足によって生残する場合も考えられ，後述のサルモネラ食中毒など多くの事例のように，原料，副資材および工場内の衛生管理が悪ければ，あらゆる食中毒など事故が起こる可能性がある．

1·2 成形後包装するか，気密性のある包装容器に充填した後加熱する製品

リテナー成形かまぼこ，特殊包装かまぼこ，魚肉ハム・ソーセージおよび製品を真空包装して再加熱する製品の場合では，二次的に微生物の汚染が起こらないため，加熱後残存する *Bacillus* 属を主体とした耐熱性の芽胞菌が主たる原因菌であり，斑点，軟化，気泡などの変敗を引き起こす（表 7·4）[1, 3]．これらの製品のうち，常温で販売されている製品については嫌気的条件下にあるため，ボツリヌス中毒の可能性をはらんでいる．

表7·4　包装かまぼこの変敗とその原因菌

名　称	変 敗 現 象	原 因 菌	汚染経路
気　泡	小気泡が内容物とケーシングの間に存在し，水がたまったり突起を生ずる	*B. polymyxa*, *B. licheniformis*, *B. coagulans* など	原材料から
軟　化	外部から押した場合，かまぼこ特有の弾力がなく崩壊する	*B. licheniformis*, *B. subtilis*, *B. circulans* など	原材料から
斑　紋	内容物表面が部分的に直径 5～10 mm 程度に円形に褐変する	*B. licheniformis*, *B. sphaericus*	原材料から
斑点状軟化	表面だけでなく内部にも斑点状に軟化し，この中に粘質物がたまる	*B. licheniformis*	原材料から

§2. ねり製品の製造基準・保存基準

魚肉ハム・ソーセージや特殊包装かまぼこは，合成殺菌料 AF-2 と包装材ポリ塩化ビニリデンケーシングの利用によって常温流通されていたが，1974 年に AF-2 がその発ガン性により禁止されたのに伴い，上記研究成果やボツリヌス菌対策を含めて，現在ねり製品の製造・保存基準は表 7·5 のように決められている．

表7･5　食品衛生法による規格基準

分　類	保存基準*	主な製造基準	成分規格
特殊包装かまぼこ	10℃以下	中心部を80℃，20分間加熱する方法，またはこれと同等以上の効力を有する方法で殺菌すること	大腸菌群陰性
魚肉ハム・ソーセージ	10℃以下	中心部を80℃，45分間加熱する方法，またはこれと同等以上の効力を有する方法で殺菌すること	大腸菌群陰性 亜硫酸根0.05 g
その他の魚肉ねり製品	10℃以下	中心部を75℃に保って加熱する方法，またはこれと同等以上の効力を有する方法で殺菌すること	大腸菌群陰性

* 中心部を120℃ 4分間加熱する方法，またはこれと同等以上の効力を有する方法で殺菌した製品，およびpH 5.0以下または水分活性0.94以下の製品はこの限りではない．

§3．ねり製品の食中毒，腐敗，変敗の事例

ねり製品による食中毒の事例は少ないが，黄色ブドウ球菌，腸炎ビブリオ，サルモネラ，ボツリヌスA型菌が原因菌として知られている．その他に種々の腐敗・変敗現象が生じている．ねり製品は，原材料から製造，消費に至る間の加熱不足，二次汚染，冷却・保管の不良などによって，たえず食中毒・変敗事故の可能性を抱えており，今後の衛生管理を考える上から事故の発生原因を把握しておく必要がある．

1）さつま揚げによるサルモネラ食中毒：患者数604人，死者4人に及ぶ大規模なサルモネラ食中毒．原因は，副原料のすりタマネギがサルモネラ保菌ネズミにより病因物質である *Salmonella* Enteritidis（SE）に汚染され，成型機の故障によってすり身が厚くなったこと，およびボイラーなどの故障によって油温度が低くなったこと，による加熱不足が原因で相当量の菌が生残したことによると推定されている（1968年）[4]．

2）さつま揚げによるA型ボツリヌス食中毒：患者数2名，死者1名．家族4人のうち，患者2名のみがさつま揚げを加熱せずに摂取したことが判明しているだけで，原因不明（1976年）[4]．

3）ねり製品の褐変：揚げかまぼこやちくわが製造後流通中あるいは加熱によって黒褐色に変色する場合がある．原因は冷凍すり身中の褐変菌（*Achromo-*

bacter blunificans, *Serratia marcescens* など）が加熱不足により生残し，ブドウ糖などの糖類から褐変中間生成物を生成し，これとねり製品中のアミノ酸やタンパク質との反応により褐変物質が生成されることによる（1973 年）[5, 6]．

4）**ねり製品の異臭**：かに風味刻みかまぼこにチュウーインガム臭のあるものが出現した．原因は，蒸煮後の刻み工程中に室内の壁に付着していた落下菌（酵母：*Hansenula anomala*）により汚染され，流通中に品温の上昇によって，製品中のアルコールから酵母により酢酸エチルが生成されたためである（1983 年）[7]．

また，ちくわに石油臭のあるものが出現し，原因はちくわの日持ち向上剤として使用されたシナモン抽出物の主成分であるケイ皮酸に，酵母（*Debaryomyces hansenii*）が作用して石油臭の原因となるスチレンを生成したためである（1992 年）[8]．

これらの事故例を検討してみると，さつま揚げやちくわに事故例が多く，原因の多くは殺菌不足か二次汚染である．このことは，油揚げやばい焼法のように，加熱時の雰囲気温度が高いと加熱時間が短いため，加熱条件や製品の量目の変動が品温の上昇に大きく影響し，加熱不足になる可能性がある．また，揚げかまぼこの場合は，ごぼう，ウズラ卵などの多様な種物を使用するため，それに伴い異なった原因菌が持ち込まれる可能性がある．

§4. HACCP システムの導入

4・1 一般衛生管理事項

HACCP システムを導入するためには，その前提となる一般衛生管理事項を確実に，かつ計画的に実施されることがかかせない．

食品営業施設において日常の具体的な作業として実践すべき一般衛生管理事項としては，施設・設備および機械器具の衛生管理・保守点検，従業員の衛生教育・衛生管理，鼠族・昆虫の防除，使用水の衛生管理，食品などの衛生的取り扱い，排水，廃棄物の衛生管理などの項目がある．詳細は他の専門書[9, 10]を参考にしていただきたい．

これらの中で特に施設・設備の衛生的設計においては，相互汚染（交差汚染）防止に関する原則が重要である．ねり製品工場の場合，汚染の度合いによって汚染作業区域（原料保管場，原料処理場，計量室，解凍室，製品搬出場）と非汚染作業区域に区分すること，非汚染作業区域はさらに準清潔作業区域（擂潰場，成形場，加熱場，製品保管室）と清潔作業区域（冷却場，包装場）に区別し，清潔作業区域は他の作業区域から厳重に区分する．製造ラインは，人，物および空気について「一方通行の流れ方式 one-way flow」を堅持し，相互汚染の防止の徹底をはかる必要がある．さらに，施設・設備，機器類は洗浄・消毒，維持管理が容易にできるものにすることが重要である．

4･2　HACCP 方式を導入する際の手順

HACCP 方式を導入するには，FAO/WHO の国際食品規格委員会（通称コーデックス委員会）から出された「HACCP 方式の適用に関するガイドライン」で示された 7 つの原則と 12 段階の適用手順にしたがって HACCP 計画を立てることになっており，これらの概要は本書「Ⅰ-1．HACCP の現状と課題」に述べられている．ここでは 7 つの原則のうち，原則 1，2 を中心にねり製品における具体的な事例を述べる．

1）ねり製品工場における危害分析（HA）　ねり製品の微生物的危害因子は，加熱工程を中心にその前後の 2 つに大きく分けて考えることができる．すなわち，原材料から擂潰，ストレイナー，成形の各工程を経て加熱に至るまでに，原料由来の微生物に各工程中の二次汚染菌が加わる．適切な加熱条件においては芽胞を形成しない病原菌や腐敗細菌は殺菌されるため，加熱不足によって残存する病原菌が最大の危害因子となる．一方，加熱後は冷却，包装，保管工程があり，特に冷却から包装までの工程で生じる二次汚染菌が直接製品の危害因子となる．

化学的危害因子としては，食品添加物については食品衛生法で使用基準の定められているものの過剰添加や違法使用，揚げかまぼこにおける脂質酸化物の生成，その他副原料に由来する農薬や抗生物質，製造機器に使用する洗浄剤，殺菌剤の原材料，半製品などへの付着，移行などがある．

物理的危害因子としては，異物の混入が主体であり，原材料，副資材および機器に由来する小骨，金属片，ガラス片，プラスチック片などがある．

このように，ねり製品工場において想定される危害因子は次のようにまとめられる（表 7･6）．

2）ねり製品工場における重要管理点（CCP）の決定　CCPは各工場共通

表7·6 ねり製品における各種危害因子

危害の分類	危害因子（危害原因物質）
生物学的危害因子	原料魚介類に由来する腸炎ビブリオ菌 ねずみなどに由来するサルモネラ菌 土壌に由来するボツリヌス菌 糞便に由来する病原大腸菌
化学的危害因子	化学物質の不正使用（添加物の使用基準違反，違法添加） 生物由来の天然化学物質（ヒスタミン，魚介毒） 製造工程中の生成物（揚げ油の酸化物） 残留物質（農薬，抗生物質，ホルモン，洗剤，殺菌剤など）
物理的危害因子	金属片 ガラス片 その他異物（プラスチック片など）

に決めるものではなく，工場の施設・設備およびそのシステム，過去の事故例，一般衛生管理事項の管理状況，従業員の教育などを十分に把握した上で，何を重点的に管理すべきかを決めるべきであり，各工場および製品ごとに異なる．そのため，CCP の決定には専門的な知識と十分な経験が必要であり，専門家に指導助言を求めたり，既存のマニュアルを参考にする必要がある[4, 11, 12]．また，コーデックス委員会における CCP 決定方式図（デシション・ツリー）が判定の参考にされる．

ねり製品の製造工場における CCP としては，上記ねり製品の危害分析の結果と製造工場の実態を踏まえて，想定されるものとしては以下の工程・手段がある．

① 成形工程：量目管理の不良．量目過剰のための加熱不足による微生物の残存

② 加熱工程：加熱条件（温度・時間・品温）の管理不良による微生物の残存

③ 冷却工程：冷却条件（温度・時間・品温）の管理不良による残存微生物の増殖

④ 金属探知：金属異物の残存

⑤ 保管工程：保管条件（温度・時間・品温）の管理不良による残存微生物の増殖

このうち，① 成形工程については，厚みの変動が少ない精度のよい成形機を

使用し，かつウエイトチェッカーで重量管理している工場では CCP にする必要はない．また，③ 冷却工程では，送風機による冷却，冷却装置による冷却（通風冷却機，強制冷却機）などの方式があるが，加熱工程と一体となり，ラインとして流れて目的の品温に 10 分程度で冷却させるようなシステムではライン全体として CCP を考慮すればよく，安全性を裏付けるデータがあれば CCP にする必要はないであろう．

さらに，使用基準の定められている食品添加物の過剰添加やストレイナーの管理不良による金属以外の異物の混入も CCP として想定されるが，これらは各工場における一般衛生管理の実態に即して決めるべきであろう．

このように，ある工場の CCP は加熱工程，保管工程と金属探知のみであり，他の工場ではさらに成形，冷却工程などを追加することになる．

3）ねり製品の HACCP システムの概要　7 つの原則に基づいて作成したねり製品工場のHACCPシステムの概要をちくわを例にして表7･7 に示した．

CCP としては，微生物的危害を確実に防除させることのできるばい焼工程，製品の冷却，保管工程および金属異物をある程度まで確実に減少させることのできる金属探知とした．

以上，ねり製品の HACCP システムについてその概要を述べた．ねり製品には，上述のように多くの微生物学的知見が蓄積され，それらに基づき製造基準や保存基準が定められ，HACCPシステムにおける管理基準も明確な科学的根拠に基づいている．

現在，（社）大日本水産会が品質管理指針策定事業でねり製品以外に，冷凍すり身，ゆでたこ，イクラ製品など各種水産加工品について水産食品製造工程管理マニュアル（HACCP 方式導入手順）を作成しているが，それら水産物について管理基準を決めるための基礎データがほとんどないことが大きな問題である．今後も，多くの水産物を対象にし，より安全性の高い食品の生産を目指して HACCP 方式の導入が検討されていくが，産・官・学が連携してこれら水産物に係る予測微生物学のための基礎データの蓄積をはかっていくことが急務である．

表7·7 ちくわの製造工程とHACCP計画の概要

	原則1	原則2	原則3	原則4	原則5
製造工程	危害分析	重要管理点	管理基準	監視／測定	修正措置
原料受入れ	細菌汚染 有害物質	一般衛生管理	原料受入れ基準 （規格書など）	目視検査，受入れ後の取扱規程	不良品は返品，または選別使用
↓ 保管	細菌の増殖	一般衛生管理	保管条件	温度計，目視検査	温度の調整，不良品は選別使用
↓ 解凍	細菌の増殖	一般衛生管理	解凍条件	温度計，目視検査	解凍条件の調整
↓ 金属探知	金属異物	CCP	金属の検出	金属探知機	不良品は廃棄
↓ 計量	保存料の 秤量ミス	一般衛生管理	ソルビン酸 （2 g / kg 以下）	秤量の記録，量目の測定	過剰・不明：廃棄 不足：再添加
↓ 擂潰	細菌の増殖	一般衛生管理	擂潰条件	塩ずり身温度	氷などですり身温度の調整
↓ ストレイナー	夾雑物， 異物	一般衛生管理	目詰まり状態	目詰まり状態 （すり身の移動速度）	フィルターの交換
↓ 成形	量目変化： 加熱不足	一般衛生管理	量目の管理	量目の測定	成形機の調整
↓ 坐り	細菌の増殖	一般衛生管理	坐り温度条件	温度計	坐り不足：再坐り 坐り過剰：廃棄
↓ ばい焼	加熱不足： 細菌の残存	CCP	ばい焼温度条件， 製品品温 （75℃以上）	温度計， 警報装置	不良品：再加熱 もしくは廃棄
↓ 冷却	冷却不足： 細菌の増殖	CCP	冷却温度，品温	温度計， 警報装置	選別再冷却
↓ 包装	二次汚染， 異物	一般衛生管理	空気・機器および手指の清浄度， 異物の混入	目視検査 （異物・シール不良，包装作業）	機器類の点検・調整 不良品は廃棄
↓ 金属探知	金属異物	CCP	金属の検出	金属探知機	不良品は廃棄
↓ 保管	細菌の増殖	CCP	保管庫内温度 品温 0～10℃	温度計，警報装置	逸脱時： 急速に冷却
↓ 出荷	細菌の増殖	一般衛生管理	保冷車内温度 品温 0～10℃	温度計	出荷停止，ロットごとの安全性確認

文　献

1）横関源延：魚肉ねり製品　理論と応用（岡田・横関・衣巻編），恒星社厚生閣，1974，pp.281-335.

2）藤田八束・宮崎王希子・金山龍男：日水誌，45，891-899（1979）.

3）茂木幸夫・松原瑞穂：食衛誌，11，49-51（1970）.

4）魚肉ねり製品のHACCP研究班：HACCP：衛生管理計画の作成と実践，魚肉ねり製品実践編（厚生省生活衛生局乳肉衛生課監修），中央法規出版，1999，pp.31-267.

5）金山龍男・藤田八束・松田敏生：日水誌，39，221-228（1973）.

6）藤田八束・金山龍男：日水誌，39，229-235（1973）.

7）山澤正勝・田島和成・加藤　熙：愛知県食品工業試験所年報，第24号，108-114（1983）.

8）小出欽一郎・柳沢郁子・小沢昭夫・佐竹幹雄・藤田孝夫：日水誌，58，1925-1930（1992）.

9）河端俊治・日佐和夫・茂木幸夫・高橋正弘・江藤　諮：HACCPの基礎と実際（日本食品保全研究会編），中央法規出版，1997，pp.108-205.

10）魚肉ねり製品のHACCP研究班：HACCP：衛生管理計画の作成と実践，魚肉ねり製品実践編（厚生省生活衛生局乳肉衛生課監修），中央法規出版，1999，pp.269-481.

11）大日本水産会：平成8年度水産加工品品質確保対策事業－HACCP導入マニュアル－魚肉ねり製品（あげかまぼこ（ごぼう巻き）及び風味かまぼこ（かに））編，1997，pp.73-144.

12）山澤正勝：魚肉ねり製品の製造管理とHACCP（日本食品保全研究会編），中央法規出版，1997，pp.162-181.

8．HACCP 導入における実践上の課題

新 宮 和 裕*

生活者が求める「食品の安全，安心」に応えるために今や HACCP システムは国際的グローバルスタンダードして確立された．このことは 1993 年の Codex 委員会（FAO/WHO 合同食品規格計画委員会）で HACCP のガイドラインが決定されたことにより加速的に各国に広まりをみせている．

わが国においても厚生省が 1996 年に食品衛生法を改正し，総合衛生管理製造過程として法制化された．現在，この法律の対象となる業種は乳および乳製品，食肉製品，水産ねり製品，容器包装詰加圧加熱殺菌食品（レトルト食品など），飲料の 5 業種であるが，この制度による承認は必ずしも当初の計画通りに進捗されているとはいえない状況にある．また，1998 年に HACCP の普及を資金面で支援するため，農水省と厚生省の合同による「食品の製造過程の管理の高度化に関する臨時措置法（HACCP 支援法）」が法制化されたが，これについても実際に融資された金額は計画を大きく下回っているのが現状である．この理由にいくつかのことがあげられるが，一番大きな理由は実際に食品メーカーを指導する立場にある都道府県の体制（組織，人材など）が未整備のまま施行されたため，当初は保健所の衛生監視員と食品メーカーの双方ともに手探り状態で取り組まざるを得なかったことにあるといえよう．また，大手企業においてはある程度自力で取り組みができても，中小企業では人材，資金の両面で苦慮しているのが現状である．

このような状況の中，生活者の要望に応える形で流通サイドからの食品メーカーに対する HACCP 導入の要請はなお一層強まっており，体制が未整備ながらも多くの企業で HACCP の導入を図っている．筆者は（財）食品産業センターにおいて，これらの企業を支援するため業界団体や工場の現地指導などを実施してきたが，実際の導入にあたってはいろいろの問題が生じており，これらについての問題提起とその対応策について提案したい．

---

* （財）食品産業センター

§1. HACCP と総合的品質管理

HACCP はいうまでもなく，生物学的，化学的，物理的な危害を防止し，食品の安全性を確保するための管理システムであるが，食品メーカーとして品質を戦略的に捉えた場合，製造過程で管理すべき事項は危害防止のみでなく，「安全性」ともうひとつの大きな要因である「おいしさ」の管理，さらに安全性には直接関わりはないがお客様に迷惑をかける「消費者クレームの削減」がある．

「おいしさ（味，食感など）」の管理や，「クレームの削減」においても HACCP の基本である「重要な管理ポイントを明確にして，そこを重点的に管理する」という点では同じことがいえるものと考える．そこで，HACCP の原則を逸脱しないことを前提に HACCP と他の品質管理項目を融合させた形の管理システムが求められる．この品質管理システムを総合的品質管理と称し，図 8·1 のように表現した．

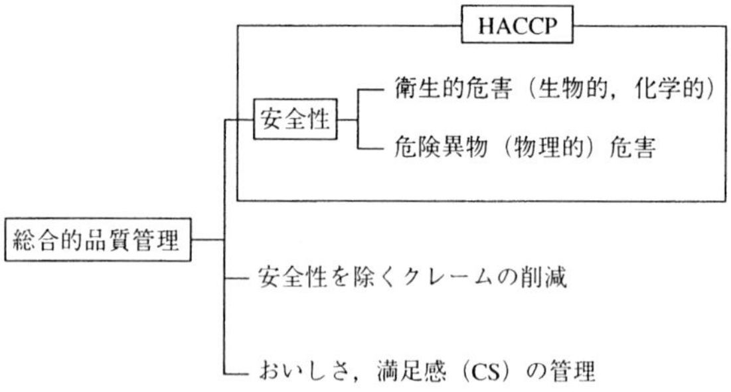

図 8·1　総合的品質管理の対象とする管理項目

筆者は食品加工メーカーにおいてこれらのことを考慮し，図 8·2 のように品質保証体制の構築に取り組んだので，事例として紹介する．

まず，全社的な（工場全体と考えても同様）品質保証の仕組みを ISO 9000s の要求項目をベースに組み立てている．ISO 9000s と HACCP とは正確には考え方のベースは異なるものではあるが，重複している項目もあり，ISO 9000s に含まれない食品の安全性に関する事項についてHACCPを管理の手法として用い，品質管理体制を機能させることとする．つまり，「ISO 9000sを品質保証体制の仕組み」，「HACCP を安全性確保の手法」と位置づけしている．このことは学問的には少々乱暴な位置づけといえるかもしれないが，実務上はこのように割り切った方が理解しやすいものと考える．この考え方により製造現場ではより効率的な品質管理が可能となった．

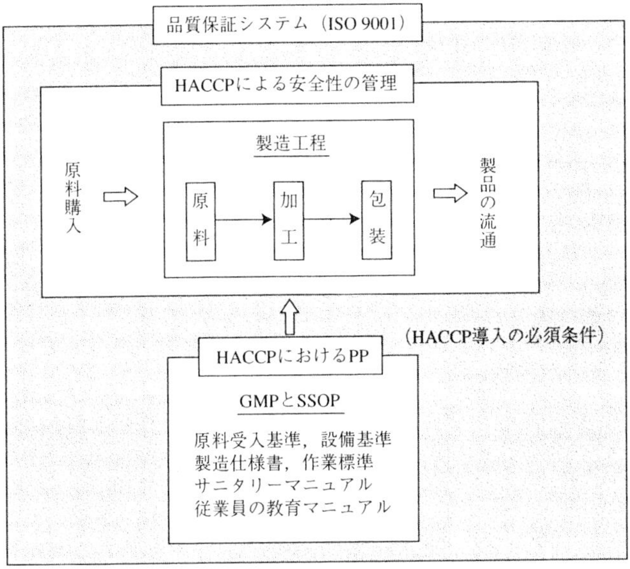

図8･2　ISO と HACCP による品質保証体制（モデル）
・PP は HACCP 導入の前提となる一般的衛生管理事項
・GMP：Good Manufacturing Practice 適正製造基準
・SSOP：Sanitation Standard Operating Procedure 衛生管理作業標準

§2．重要管理点の設定方法に関する課題

重要管理点の設定方法として Codex のガイドラインに示された DT（Decision Tree）があるが，この DT は日本語にされたものが使用されており，判断に苦慮してしまうケースが度々ある．最近この DT を改良した形の新しい DT が米国の NACMCF（米国食品微生物基準諮問委員会）で提案され，これにより幾分使いやすいものになった．しかしながら，CCP は PP（Prerequisite Program）の整備状況により設定が変わるものであり，このことを考慮したうえでの判断が重要である．

事例で話をすると，食肉加工製品の製造過程では加熱工程を CCP と設定するケースが多いが，実際の製造工程は単一的な加熱工程ではなく，製造機器の発達により遠赤外線による加熱，ジュール熱による加熱，マイクロ波による加熱などの組み合わせによって非常に複雑になっている．このことが実際に CCP の決定を行う場面で，判断者の悩みどころとなっている．このために CCP の決定を補足するものとして表8·1 の要件を考慮することが必要である．

表8·1　重要管理点（CCP）となる要件

① この管理ポイントをミスしたら不良品（危害を及ぼすもの）ができてしまう． 「この管理ポイントの後，工程には該当する危害を制御できる工程がなく，PP における管理だけでは不十分である」．
② 製造工程上で連続もしくは適正な頻度でチェック，記録し適切な措置が可能である． 「チェックは危害を制御するためできるだけ連続し，連続してチェックができない場合も制御のために必要とする頻度で行われ，かつ記録されなければならない．さらに速やかに適切な措置が行われる必要がある」．
③ 管理すべき事項を自ら管理（制御）できること． 「管理上重要な管理項目でも時間的，設備的などの理由で自らが管理できない事項は PP とならない」．

§3．管理基準と製造基準の関係

管理基準（CL）に関する実践上の課題として次ぎの 2 つの事項があげられる．

① 管理基準の要件として「科学的な根拠の裏付け」と「適切なモニタリング」が重要であるが，この要件を満足するためにはどこまでの調査，検討が必要であるかが悩みとなっている．大手メーカーでは人材や設備も整備されているので自社において検討することができるが，中小企業ではそれらが整備されていないため，適切な加熱条件や保存条件などを設定するための実際のデータが不十分であり，過去の経験や，参考文献によるデータに頼ることになる．

しかしながら，前述したように実際の製造過程は各社で異なる場合が多く，残念ながら文献資料のデータがそのまま使えるケースは少ない．また，そのデータでさえ不足しているのが現状である．今後，試験研究機関の役割としてこれらの支援体制の強化が求められる．

② 管理基準とはその基準を逸脱してしまうと危害を及ぼす製品ができてしまう管理限界であるが，実際の製造現場では管理基準を逸脱することがないよう

に管理基準に至る前の段階で措置が行えるように安全率を考慮した基準で管理している．また，例えば図 8·3 に示すように加熱後の製品の中心温度を 70℃以上で 2 分間以上と設定した場合，製品の中心温度を連続的にモニタリングすることはできないので，加熱装置の雰囲気温度（加熱温度）と製品の中心温度との相関関係を調べたうえで，雰囲気温度で管理することになる．このような基準を製造基準（OL）といい，管理基準と製造基準の関係を整理すると次のようになる．

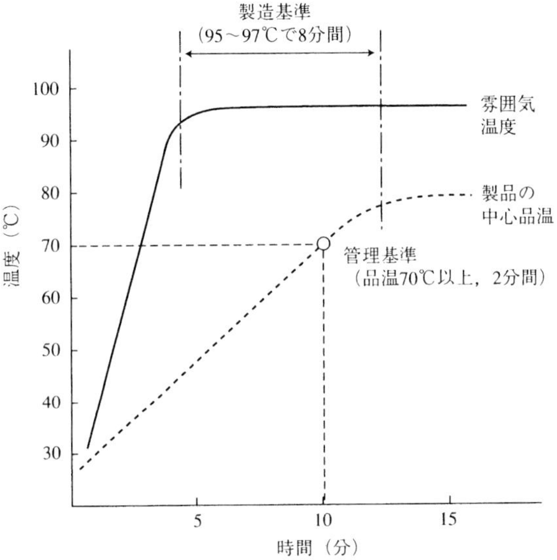

図 8·3　管理基準の設定（蒸煮温度と時間の設定事例）

管理基準：その基準を逸脱してしまうと，危害を及ぼす不良品ができてしまう管理限界であり，逸脱時の措置として修正を行う．

製造基準：管理基準を逸脱する前に，調整によって正常な管理状態にもどすための作業限界であり，逸脱時の措置として調整を実施する．

製造基準をもって管理基準とする考え方もあるが，この場合，惣菜のように複雑な製造過程の場合には基準の設定に対する判断がむずかしくなる．そこで，前述のように管理基準と製造基準を区分して設定する方が実際の製造現場での管理では分かりやすいものになると考える．

§4. 施設・設備の整備

HACCP を推進するに当たって，施設・設備のハード面と管理運用のソフト面の両方が重要となる．施設・設備の整備における大きな課題は整備に要する投資が企業にとって大きな負担になるということである．特に社会の経済的環境が厳しい現状において中小企業では，その負担が HACCP 導入の大きな障害となっている．そこで，いかに設備投資にかける負担を最少限にしたうえで HACCP による要求水準を満足するかが大きな課題である．このためには危害（人，物，空気由来の危害）を防御するという原点からみて，「施設・設備をどのレベルまで整備すれば適正とするか」をできるだけ明確にする必要がある．しかしながら，実際にはこれらを明確にしたガイドラインはなく，厚生省の「弁当およびそうざい規範」があるものの，この規範を他業種に適用するとなると非常に高いハードルとなってしまう．

現在，HACCP 手法支援法における業界別の高度化基準が作成されているが，内容は抽象的表現が多く具体的な基準をそこに見出すことはできない．そこで，各企業においては独自の判断で施設・設備の整備を進めているが，工場を指導する立場にある都道府県の衛生監視員と見解の相違があることも否定できない．今後は科学的根拠の基づいた施設・設備のあるべき姿のレベルと，最低限必要とするレベルとがオフィシャルな形で明示される必要がある．

参考までに協力工場の指導時に基準としている例を以下に紹介する．

〈施設・設備の整備と管理〉

① 従業員の更衣室，トイレ：更衣室はできるだけ専用の部屋を設置する．やむを得ず食堂や休憩室と兼用というところがあるが，この場合は作業着に細菌汚染や異物に付着がないようブラッシングなどでの除去管理が必要である．

ロッカーは汚れた作業着や屋外での洋服ときれいな作業着が交差汚染を生じないようにしなければならない．各々別々のロッカーが望ましいが，これが難しい場合は運用ルールをしっかり守るように従業員の教育が大切である．

トイレは加工場から直接入れない構造にする必要がある． 必ず手洗い場を通過して出入りする構造にする．また，トイレに入る時に靴をトイレ専用の履き物と履き替える必要がある．

② 従業員の出入り口：手洗い設備の蛇口は自動が理想的であるが，最低限足踏み式かアーム式にして直接手を蛇口に触れないですむ構造にする．また，洗剤，殺菌剤入れは蛇口の近くに設置しておく．手拭はペーパータオルが望ましいが，経費や異物混入の問題からジェットタオルを使用することでもよい．この場合，清掃が不充分であると逆に増殖した菌で手を汚染させてしまう場合があるので注意が必要である．

エアーシャワーは必ずしも毛髪やゴミの除去効果が完璧ではないので，粘着ローラーでしっかり管理できれば設置は必須ではない．

入口の足洗い用水路は床のドライ化のためには望ましくない．自動足洗い機の設置が望ましいといえるが，事情により水路を設置する場合は流水式にする必要がある．

③ 原材料，製品の搬出入口：搬出入口は暗室化し，高速シャッター（黄色シートによる防虫用の物）で二重ドアにすることが望ましいといえる．また，二重ドアはインターロックで開放状態にならないようにし，黄色燈を設置して昆虫の侵入を防止する．二重ドア化がむずかしい場合はドアの内側に防虫用のシートを設置することで代えるが，この場合，風が強いと隙間ができてしまうことや，シートが汚れやすく汚染の原因になる場合があることに注意する必要がある．

製品の搬出口は品温上昇を防ぐため，ドックシェルターの設置が望ましい．ドックシェルターの設置がむずかしい場合は最低限プラットフォームに屋根をつけ，小出しにするよう運用で対処することになる．

④ 天井，壁，床，窓：天井は床面から最低 2.4 m 以上，できれば 3.5 m 以上の高さが望ましい高さである．また，材質はホコリが付きづらく，清掃が容易に行える物にする．

壁は耐水性の材質を使用する．一般的に床面から 1 m 程度を腰壁とし，コンクリート製にする場合が多く見られるが，この場合は上部を 45 度以上の角度にしてホコリが溜まるのを防止する

床は耐水性で破損しにくい材質（できればエポキシ樹脂などの特殊樹脂）を使用し，排水が容易なように 100 分の 1.5～2.0 の勾配をつける．床材の破損による異物混入は危害に中でもリスクの高いものなので，常に正常な状態に整

備しておく必要がある．また，内壁と床面の境界には半径 5 cm 以上の R をつけてゴミが溜まるのを防止するのが望ましい．

窓を開放しての作業は極力避けなければならないが，やむを得ない場合は必ず網戸を設置する．網戸のメッシュは家庭用の 16 メッシュではチョウバエなどの微小昆虫が通過するので，20 メッシュ（できれば 32 メッシュ）以上の細目にする．

⑤ 排水溝，ダクト，パイプ配管など：排水溝は昆虫の発生源となりやすいため，清掃しやすい構造や材質にする必要がある．幅は 20 cm 以上で，側面と底面の境界には R を付けて，100 分の 2～4 程度の勾配をつける．また，グレーチングの目は 1 cm 程度とし，床に落ちた固型物をできるだけ除去できるようにする．グレーチングの設置は作業の安全上や運搬作業などに必要な個所のみにし，他はオープンの状態にしておく方が洗浄しやすく清潔に保てる．排水溝の末端にはピットを設置し，防鼠のためのトラップ（8 mm 以下のメッシュ）を設ける．

ダクト，パイプ，配線などは溜まったゴミやさび，水滴などが製造ラインに落下しないように設置の位置に注意が必要である．すでに設置がしてあり，移動が困難な場合はステンレス製の受け板などを設置して対応する．

⑥ 照明：作業場の明るさは通常作業 300 lx，包装作業 500 lx，選別・検品作業 700 lx を基準とする．照明装置はホコリの溜まらないような埋め込み式が望ましいが，これが難しい場合はできるだけ傘なしの物とする．また，作業の関係で破損の恐れがある個所には防護カバーを設置する．照明装置の配置は製造ラインのレイアウトに合致するようにすることが必要である．

⑦ 給・排気，空調：給・排気装置での注意点は給気と排気のバランスがとれているということである．よく見かけるのは給気設備を付けず，排気装置のみを設置しているため，十分な排気ができなく陰圧の状態になっているケースである．

排気口には防虫用のネットを，吸気口にはゴミ・ホコリの侵入を防止するためのフィルターを設置する．また，空気の流れが汚染区域から清潔区域に流れないように留意する．

空調は作業場の作業内容によって異なるが，加熱機器を設置していない作業場は室温25℃以下，湿度80%以下にするのが望ましい.

加熱機器のある部屋を空調するのは難問であるが，できるだけ加熱室として区画することが必要である.

区画が難しい場合はスポットクーラーの設置や給・排気の改善によって対応することとなるが，あまり効果は期待できない．また，スポットクーラーは作業者に直接風を当てると毛髪混入の原因となるので注意が必要である.

⑧ 給水設備：使用水は井戸水を使用する場合は特に注意が必要である．水道法の飲用適の基準に合致しているか定期的に保健所などでチェックを受け，また上水道水であっても貯水タンクを使用する場合は井戸水と同様に塩素による殺菌を行い，残留塩素のチェックを行い，この時の残留塩素は給水栓の末端で遊離の残留塩素が0.1 ppm 以上を基準とする.

水，湯水を洗浄水として使用する場合，ホースを床面に直下置きしないよう床面より 1 m 程度のところにホース掛けを設ける．また，作業場の手洗い場の不足や，手洗い場の位置が適切な場所に設けられていないケースを見かけるが，手洗い場は必要な数をいつでもすぐ使用できる適切な位置に設置することが重要である.

⑨ 食品廃棄物（生ゴミなど）の保管：食品の製造過程で発生するゴミには生ごみや包装資材のロスごみ，缶・びんなどの容器廃棄物があるが，これらは所定の保管場所を設置し，危害の発生原因とならないようにしなければならない．とくに，生ゴミは昆虫や犬・猫・鳥・鼠などの動物などの対策として，隔離された専用の部屋 を設置する必要がある．この保管庫は密閉性をもち，できれば低温で保管されることが望ましい.

〈管理機器の整備と管理〉

HACCP の実施においてモニタリングや管理基準逸脱の告知装置が必要となるので，その代表的なものを紹介する.

① 温度，時間の記録：冷凍，冷蔵保管室の保管温度，加熱装置の温度，時間などはできるだけ連続的に測定，記録されることが望ましい．このため自動測定・記録装置を設置することになるが，これがむずかしい場合，温度計を保管室の場合は入り口付近に，加熱装置の場合は機器の制御盤に設置する必要があ

る．また，温度低下などの異常時にはそれを速やかに告知する警告燈やブザーなどの設置を必要とする．

② 計量器：重量管理や食品添加物などを計量するために使用する計量器やウエイトチェッカーは正確に測定するため定期的に校正されなければならない．これは温度計などについても同様である．また，測定の精度（測定可能な範囲）が必要とする精度に合致している必要がある．

③ 金属検出機：金属検出機は適切な感度で使用されているか，その排除装置は適切に排除するかを使用前と使用中に定期的にチェックする．また，機械メーカーの定期点検を6ヶ月毎に受ける．

§5. トレーサビリティのシステム構築

一般的衛生管理項目では製品の回収プログラムの作成が求められている．このシステムはISO 9000sにおいても同様の要求項目となっているが，品質事故が発生した時の措置のためにトレーサビリティのシステム構築が重要である．

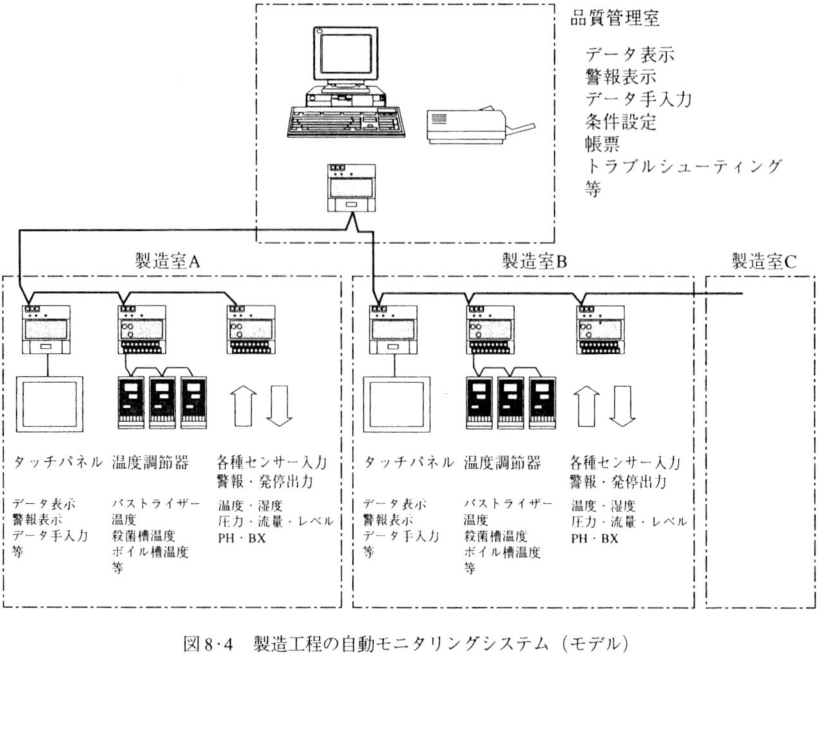

図8·4　製造工程の自動モニタリングシステム（モデル）

しかしながら，飲料などの単品大量生産ラインではトレーサビリティの構築も比較的作りやすいが，惣菜などの多種類の原材料や複雑な製造過程の製品については最終製品から使用した原材料の全てにまで遡るのはかなり困難であるといえる．この状況を踏まえ，いかに効率的かつ信頼性の高いシステムの構築ができるかが課題となっている．

そこで実際に実施可能なシステムとするために必要な事項を次にあげる．

(1) トレーサビリティの対象とする管理項目を危害の種類，大きさを事前にしっかり把握し，より重要な管理項目に絞り込む．また，原材料についても同様に過去の事故発生データからよりリスクの高いものを対象として絞り込む．

(2)「かんばん方式」（チェックシート）の記録回覧により物の流れが掴みやすいシステムにする．

この場合原材料，製品名などをコード化しておくことによりシステム化がやりやすくなる．

各製造過程のデータをリアルタイムでデータベース化し，必要に応じて適切かつスピーディに出力するコンピュータシステムの活用が有効である．図 8･4 に（財）食品産業センターが開発したシステムの概要図を紹介するが，このシステムの特徴は次の通りである．

・自動センサーによる自動入力と各部署に設置されたタッチパネルによる手動入手の両方式が可能である．
・異常発生時におけるデータの記録のみでなく，異常の告知およびそれに対する措置（トラブルシューティング）がタッチパネル画面上で指示されるようになっている．
・データ入力の端子の増設はホストコンピュータとの新たな配線を必要とせず，増設コストの低減になる．

水産学シリーズ〔125〕　　定価はカバーに表示

HACCP と水産食品（ハサップ と すいさんしょくひん）

HACCP and Seafood Products

平成 12 年 10 月 1 日発行

編　者　藤井建夫（ふじいたてお）
　　　　山中英明（やまなかひであき）

監　修　社団法人 日本水産学会
〒108-8477　東京都港区港南　4-5-7
東京水産大学内

発行所　〒160-0008
東京都新宿区三栄町 8
Tel　(3359) 7371 (代)
Fax　(3359) 7375
株式会社 **恒星社厚生閣**

水産学シリーズ〔125〕
HACCPと水産食品（オンデマンド版）

Digital Publishing

2016年10月20日発行

編　者　　藤井建夫・山中英明
監　修　　公益社団法人日本水産学会
〒108-8477　東京都港区港南4-5-7
東京海洋大学内

発行所　　株式会社 恒星社厚生閣
〒160-0008　東京都新宿区三栄町8
TEL　03(3359)7371(代)　FAX　03(3359)7375

印刷・製本　　株式会社 デジタルパブリッシングサービス
URL　http://www.d-pub.co.jp/

AJ594

ISBN978-4-7699-1519-5　　Printed in Japan